ART SCIENCE IS.

アートサイエンスが導く世界の変容

編著｜塚田有那

BNN
Bug News Network

目次

CONTENTS

4 あなたにとってアートサイエンスとは? WHAT IS ART SCIENCE FOR YOU?

CHAPTER

アートサイエンスとは何か？

WHAT IS ART SCIENCE?

アートサイエンスとは何だろうか？
この本を手に取ったあなたは、この言葉にどんなイメージを抱いているだろう？
その運動体は、どこから生まれ、いま何を生みだそうとするのか。
過去から現在にいたるアートサイエンスの軌跡をひも解いていく。

はじめに

01

これが君の世界。世界は回転する。
そして中心の中心にいる君も、
世界とともに絶えず回転している。
だが、あるとき事件が起きる。

——ミヒャエル・エンデ『惑星の回転のようにゆっくりと』

アートサイエンスに、明確な定義はない。
なぜならアートサイエンスとは、常に定義や様式が変化し続けながら、個人または集団の中でドライブしていく「運動」ないしは「思想」そのものだからだ。

本書のタイトルを不思議に思った方もいるかもしれない。なぜ「アート&サイエンス」ではなく「アートサイエンス」なのか、と。元々の意味に違いはないのだが、本書では「アートサイエンス」という表記を取ることとする。これは2017年4月、大阪府南河内郡に位置する関西最大規模の総合芸術大学、大阪芸術大学に「アートサイエンス学科」が新設されたことに由来している。これは、従来の美大教育の枠を超えて、サイエンスやテクノロジーをクリエイション表現に取り入れていこうとする新たな教育カリキュラムであり、教授・講師陣には世界各国からアートサイエンスの第一線で活躍するクリエイターやプロデューサーを招き（本書3章で紹介）、変化のスピードが早い現代社会に対応するべく、展覧会やイベント制作など現場での実践を重視する教育方針を取っている。この学科新設の背景には、近年のテクノロジーの発展に伴い表現方法が多様化したこと、またそれらの表現がミュージアムからライヴステージ、公共空間、都市計画に至るまで、様々な場面で展開されるようになったという時代要請がある。また、テクノロジーの介在する新たな表現手法、ないしは分野横断的な活動を総称した「アートサイエンス」という言葉が、大学の学科名としても文科省から正式に認定を受けたことは、「アートサイエンス」がこの日本社会において無視できない存在になってきたことを証明しているといえるだろう。

なお、本書では世の中で「メディアアート」と紹介される作品もたくさん登場するが、ここではアートサイエンスをメディアアートやデジタルアートといったジャンルの定義よりもさらに広い「概念」や「運動」と位置付け、その狭義の定義的差異を言及することは避けたいと思う。アートサイエンスとは、これまで先人たちが築いてきたアートサイエンスの挑戦やメディアアートの歴史が広がる、協働による開拓や創発のフィールドそのものなのだ。その新天地に立って、アートとサイエンスを行き来しながら独自の開墾を重ねてきたプレイヤーは世界各地に存在する。

2016年夏、そうした世界各国で巻き起こるアートサイエンスのシーンを伝えるウェブメディア『Bound Baw（バウンド・バウ）』が、大阪芸術大学アートサイエンス学科の創設に向けてローンチした。筆者はこの編集長として、世界各国のアーティスト、科学者、キュレーターらにインタビューを重ね、また各地のフェスティバルや施設を取材し、時には異分野の人々が集う対談・鼎談などを実施しながら、アートサイエンスとは何かを考え続けてきた一人である。本書では、この『Bound Baw』を通して得られた知見からアートサイエンスの現在を紐解いていく。

つまり本書の目的は、アートサイエンスの歴史や定義を教科書的に掘り下げることではなく、いまなお新たなフィールドを築き続けるプレイヤーたちの、それぞれのアートサイエンス観を伝えることにある。そこでは、アートサイエンスという異分野の衝突と試行錯誤の連続から生まれた、壮大な旅の軌跡がかいま見えることだろう。本書が、若きアーティストや研究者やキュレーターを目指す人はもちろんのこと、あらゆるジャンルの学生からビジネスマンまで、これからの世界を志向する人々すべての道標となれば幸いである。

先人たちが築いてき
アート&サイエンスの
挑戦やメディアアー
歴史が広がる、開拓
、ドそのも

現在進行系のアートサイエンス

さて、再び問おう。アートサイエンスとは、一体全体何なのか。先述したように、いま現在でアートサイエンスという言葉に明確な定義はない。つまりそれは美術史や科学史のように、その分野を批評し、研究する専門家もほとんど存在しないことを意味する。言い換えれば、アートやサイエンスのどちらからもこぼれ落ちた現象、言い換えれば各専門性からだけではカバー不可能なアングルでの現象の探究こそがアートサイエンスと呼べるのだろう。では、それはどんな現象なのだろうか。

ひとつはアートとサイエンスという本来はつながらなかった分野の境界を超えて、一領域だけでは描けない壮大なビジョンを共に実現しようとする運動だといえる。後述する、メディアアート拠点を形成するアルスエレクトロニカに代表されるアートセンターや大学研究機関などでは、積極的に異分野同士の共創を促す動きが活発化している。世界最大の素粒子物理学研究所CERN[01]は、アーティスト・イン・レジデンスのプログラム「Arts@CERN」やイノベーションのプラットホーム「IdeaSquare」など、様々な異分野融合を推奨するプロジェクトを展開している。なぜ巨大な科学研究所がアートを取り入れるようになったのだろうか？　そこには、アーティストの表現力、発信力を介して研究を世に広めたり、またアーティストと科学者やエンジニアとの議論を積極的に促すことで、一視点に偏らぬように研究の視野を拡げたり、または行き過ぎる科学技術に社会的、哲学的な意味付けを与えることが意図されているようだ。

また、ニューヨークの現代美術館NEW MUSEUMがリードする「NEW INC」[02]のように、イノベーションの発信拠点を美術館がリードする動きも始まっている。「“コンテンポラリーアート”が意味することは、なんだって可能にするということ。アーティストもスタートアップも、目的は違えど、社会を変えようとするプロセスは同じはず」と語ってくれたのはNEW INCのディレクターのジュリア・カガンスキーだ。ヨゼフ・ボイスが「社会彫刻」と掲げたように、コンテンポラリーアートの仕事

01｜CERN
スイス・ジュネーヴに位置する、素粒子や高エネルギーの研究を推める巨大な研究所。所有する大型ハドロン加速器（LHC）の全長は、山手線一周分に匹敵する。2012年はヒッグス粒子の発見でニュースを騒がせた。（P. 024参照）

02｜NEW INC
アーティストのほかに、テクノロジストやスタートアップの起業家が集まるインキュベーション施設。日々、メンターへの相談会やビジネスプラン戦略会議などが行われ、アートのアイデアを社会実装する具体的な場を提供している。
http://www.newinc.org/

03｜PACE Gallery
ニューヨーク、ロンドン、香港のほか世界7都市にある老舗のアートギャラリー。2016年よりPace Art + Technologyを始動、第1弾アーティストにチームラボが選出された。

は現代社会に強力なメッセージを放つことである。だとすれば、これから美術館の仕事はアーティストの作品を企画・展示するだけでなく、彼らの思想やアイデアを社会に実装することにもなると考えられる。現代のテクノロジーを介せば、考えを作品化して世に問うよりも、社会サービスを実装した方が早いことだってある。その促進を率先して行うのがNEW INCなのだとカガンスキーは言う。また、PACE Gallery[03]のようなファインアートのギャラリーでも、アート×テクノロジーの新たなプログラムを積極的に取り込み、従来のアートシーンやアートマーケットに新風を吹き込もうとする動向がある。

こうした流れは、1960〜70年代前後からあったカウンターカルチャーとしてのメディアアートまたはデジタルアートと呼ばれる表現が、この十数年のテクノロジーやネットワークの急速な発展によって、むしろ主流として復権し、さらに予想を超えた活発化のプロセスの渦中にいることを意味している。先端テクノロジーがクールとされる世界的な潮流があるいま、テクノロジーを用いたアートは公共空間からエンタテイメント業界をも席巻する存在へとなりつつある。同時に「メディアアート」という言葉はいまや多義的な意味を持ち、人によって解釈が分かれるようになってきたのも事実だ。状況を少しだけ説明すると、日々変遷するメディアの意味やテクノロジーと人間の関係などを批評的に問うことが本来のメディアアートだと語る人もいれば、テクノロジーを用いた先進的な表現全般をメディアアートと呼ぶ人も増えてきている。このメディアアートをめぐる議論については畠中実＋久保田晃弘『メディア・アート原論』[04]に詳しいが、いずれにしても先端的表現に注目が集まる状況を好機とみて、戦略的に社会インパクトをもたらそうと挑むメディアアーティストやクリエイティブ・コレクティブもいれば、変遷の早いテクノロジートレンドの消費から一定の距離を取り、プロフィールから「メディアアーティスト」の「メディア」を取るようになったアーティストもいる。これはどちらに軍配が上がるかという話ではなく、こうしたエキサイティングな状況もまた、テクノロジーと人間の間における媒体（メディア）があらゆる業界にまで浸透しはじめた結果ともいえるだろう。「メディアはマッサージである」と語ったのはマーシャル・マクルーハン[05]だが、そもそもメディアアートはテクノロジーのコモディティ化と表現手法とが深い関わりにあるため、エンタテイメント産業へと浸透しやすい性質を持っている。そのため、アートとデザイン、またはアートとエンタメの境界がどんどんと揺らいでいるのが現状だ。

04 |『メディア・アート原論』（フィルムアート社）
本書にも登場する、アーティストで教育者の久保田晃弘（P. 076）とNTTインターコミュニケーション・センター［ICC］で20年間メディアアートの現場に携わってきた畠中実（P. 120）という第一人者の2人による、メディアアートに関する論点をわかりやすく整理・解説した入門書。この本を手にとったあなたもぜひ読んでほしい。

05 | マーシャル・マクルーハン
メディアから社会の原理を鋭く読み解き、来るメディア時代を予言した文明批評家。元々自身が定義した「メディアはメッセージ」を1字もじって「マッサージ」と掲げ、メディアが私たちの生活のいたるところに存在し、身体の延長上にありうることを先見的に説いた。

いるのが現状だ。

03

バイアスを乗り越え、複数の地図を持て

神よ、願わくば私に、
変えることのできない物事を受け入れる落ち着きと、
変えることのできる物事を変える勇気と、
その違いを常に見分ける知恵とを授けたまえ。

——カート・ヴォネガット『国のない男』

そもそも、なぜいまアートサイエンスが注目されるようになってきたのだろうか? もちろん、あらゆるデジタルツールを用いた表現が数十年前と比べてとても容易になったことは大きな理由のひとつだ。多様なソフトウェアのプラットホームがシェア可能であり、インターネットは水道のごとく生活インフラに浸透し、いまからものづくりを始める人にとってデジタルかアナログかという境界はほとんど感じられないだろう。だがさらなるムーブメントの背景には、専門分化が進み過ぎたゆえの業界内部の分断を見直そうとする動きがある。どんな職種でも、その道のプロフェッショナルたちによって現場や業界のルールやセオリーができあがると、今度はそのフレームを超えにくくなるというジレンマが発生する。特に日本の経済成長とともに大量生産の効率化を図り続けてきた大企業などは、いまこのジレンマの渦中にいる。アート業界ひとつとっても現代美術とメディアアートに未だ大きな乖離があるのは否めない。乱暴な表現になるが、たとえば業界内のシーンや美術史、またはアートマーケットを意識しすぎた現代アーティストは、社会や人間のためではなく"現代アートのために"言語を紡いで作品をつくっていくような、いわば"Art for Art"に陥る傾向がある。科学者たちもまた、大学の研究室や企業のラボの中で目的が細分化され、科研費[01]の使途のほうが先立ったり、目前の研究に追われるあまり本質的な問いを見失いがちになる問題を抱えている。そして多くの人は皆、そう簡単に未知の世界へ足を踏み入れようとはしないものだ。

そもそも日本の教育環境において、多くのひとは中学生や高校生の頃に、数学と国語のどちらが得意かといった程度で自身の特性を見定めてしまう。そのまま進路を決める頃には文系・理系または美術系などのいずれかにマルを付けたりするのだろうが、そんな能力差ひとつでアートやサイエンスへの入り口を失ってしまう教育環境は多大なる機会損失でしかない。リベラルアーツ(教養)に、理文の区別など必要あるのだろうか? 人間の好奇心は、ジャンルで区分できるものなのだろうか?

また一方で、いま自分がどんなジャンルに立っていようと、そこから見える世界がある分野の「常識」によって狭められていないかを常に問うべきだ。人間が持つ「思考や知覚できる範囲」は有限であり、私たちが身体をもつ限り、私が見ている世界と、あなたが見ている世界は同じように見えても決して同じではない。つまり、そこには必ず何らかのバイアス（偏見）が存在している。しかし、そのバイアスをあえて逆手にとって、ある人間が見出した固有の見取り図だと捉えることもできるだろう。アーティストの想像力や感性の中に、科学者が見出そうとする未来の手がかりの中に、それぞれの「世界の見取り図」が存在する。

もちろん、それぞれ異なる地図を持つ人同士が出会えば、必ずと言っていいほど最初は衝突する。互いに共通のプロトコルや言語がないからだ。そこで自分はデザイナーだから、アーティストだから、科学者だから、と職種に頼ってポジショントークに陥っても何も面白いことは起きない。だからといって「とりあえず異分野の人を集めてみましょう」といったところで、そう簡単に融合なども起きはしない。重要なのは、想像力をフル稼働し、種類の異なる地図を重ねて見通してみることだ。そのとき、私たちはもう一度本質に立ち戻り、アートとは何か、サイエンスとは何か、生命とは、人間とは何かなんていう面倒な議論を繰り返しながら、ものごとの核心に迫っていくのだ。そのとき、アートサイエンスは自分のバイアスにゆさぶりをかけ、世界をリフレームし、本質の問いに立ち返る手段となりうる。そのとき初めて、真の共創関係が生まれてくるのだ。

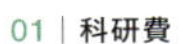

一方で、分野の境界などはじめからなかったかのようにアート表現とサイエンスやテクノロジーの知識を同時に使いこなす人々も増えている。そういう意味では、アートサイエンスとは個人の中に眠る素質ともいえるのかもしれない。それを体現した教育機関のひとつが、ニューヨークにあるアート&テクノロジーのインディペンデント・スクール「SFPC」[02]だ。正式名称はSchool for Poetic Computation、直訳すれば「詩的なコンピューテーションの学校」である。詩とコンピューテーション？　創始者のひとりでアーティストのザック・リバーマンは、「世界や人間を観察して詩を記述するように、プログラミング言語で新たな詩を紡ぐことができる」と語る。世界中からプログラマーやアーティストやデザイナーが集まるこのスクールでは、アート創作を通して一人ひとりの領域を拡張する教育を提供している。「よくアートは実用的ではないと言われるが、それは実用的なものとは異なる可能性と未来があるということだ。もちろん実用的な問題を解くことも大切なことだけど、SFPCに来たときは、人は何かを学ぶとき、ついひとつの領域に特化しがちなことに気付いてほしい。ここではその領域を拡張して、アートの問題をサイエンスで解き、サイエンスの問題をアートで解くこと、そんなJournery（旅）を楽しんでほしいんだ」。[03]

01｜科研費
行政や日本学術振興会などから研究者に送られる科学研究費用。

02｜SFPC
10週間ごとのセメスター制で運営される非営利のインディペンデント・スクール。かつて大学でメディアアートやプログラミングを教えていたザックが、学費の高騰化や学内のシステムに疑問を抱き、新たな教育の場をつくろうと2013年から始動。現在で12期目を迎えている。

03｜出典：Bound Baw「ニューヨークにある"詩的プログラマー"の楽園、SFPC」執筆：森旭彦
http://boundbaw.com/world-topics/articles/4

アート表現に

ジーを介在させて

04

アートサイエンスの起源と欲望

そんなアートサイエンスとは、一体いつから始まった運動なのだろう。その起源は、捉えかたによっていくらでも出てくるが、世界中誰もが知る代表選手といえばレオナルド・ダ・ヴィンチ[01]だろう。ご存知の通り、彼はアーティストであると同時に科学者、医学研究者であり、また軍事兵器開発者でもあった、いわば「ひとりアートサイエンス」を体現した人物だといえる。その背景にはギリシア・ローマ時代の古典を再生し、モノゴトの本質に立ち返ろうとしたルネサンス運動がある。中世にも、神学や法学など議論が細分化されるにつれ、その本質から離れていくような風潮への危機感があったのだ。ルネサンスもまた、「木を見て森を見ず」といった枝葉思考の渦から脱すべく、より自由な思考を求めて生まれたハイブリッドなカウンターカルチャーだ。このカウンター運動がヨーロッパ中に広がると、ミケランジェロやラファエロといった多彩なる芸術家をはじめ、文学、技術、コペルニクスの地動説など科学がもたらした世界の認識変革に至るまで、その後の社会の基盤をつくる文化や思想が次々と生まれていった。

それからさらに数世紀後、17〜19世紀の大航海時代以降にもアートとサイエンスの邂逅（かいこう）による変革の種があった。たとえば、キャプテン・クックの船に乗り込んだ科学者と画家の出会いは、その後のヨーロッパ社会の変革の一端を築くものとなる。長い航海のために描かれた天気図や海洋図は当時の先端データビジュアライズの基礎を築いた。また画家が新天地で描いた、または採集物から描かれた色とりどりの動植物や風景の博物図譜[02]は、科学資料として重要な功績を残しただけでなく、美的嗜好品としても当時の王侯貴族の好奇心を大いに刺激した。「世界中の美しいものを集めて、この世界を手中に収めたい」という欲望の結果、新天地から持ち帰られた品々を収蔵する空間コレクティブとして近代のミュージアムが成立していく。当初の目的は多々あれど、大航海のような冒険を達成するには、アートもサイエンスも医療も必須だったのである。そこにこそ、アートサイエンスを目指すヒントがある。

01｜**レオナルド・ダ・ヴィンチ**
1452〜1519年（享年67歳）。ダ・ヴィンチの発明や理論は枚挙にいとまがない。ヘリコプターや車の太陽エネルギーや計算機の理論なども理解していたとされるし、また、解剖学、土木工学、光学、流体力学の分野でも重要な発見をしている。

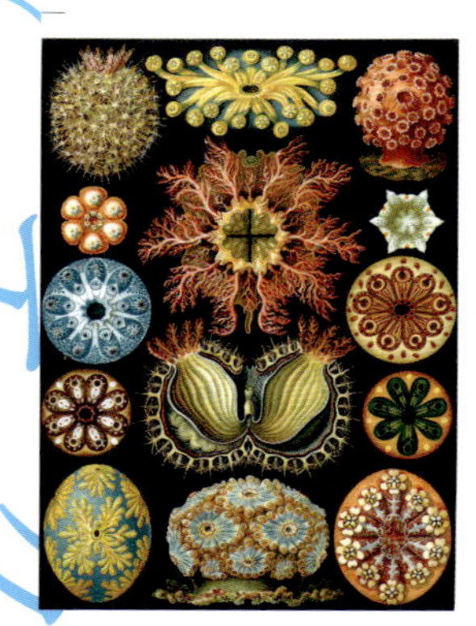

02｜**博物図譜**
エルンスト・ヘッケル『生物の脅威な形』—1枚ずつ精密に描かれた博物図譜は、20世紀初頭のデザインや建築にも大きな影響を与えた。この世界のあらゆる事象を知ろうとした人類の認識の歩みとともに、美術史には残らないオルタナティブな美のヒントが隠れている。

元々、英語の「Museum」とは古代ギリシアの学堂「ムセイオン」に由来し、学術と芸術を司る9人の女神ムーサを祀る殿堂を意味する。そこに「博物館」と「美術館」の違いはなく、巨大な図書館を併設した学術研究の一大中心地だったのである。つまり「ミュージアム」とは本来、美術品や文化財を受け身で「鑑賞する」だけではなく、人々がその価値や美にダイレクトに接し、独自の研究や思考を育むことのできるラボ的な場を有していたのだ。東京大学博物館館長を長らく務め、東京駅KITTE内に超異例の博物ミュージアム「インターメディアテク[03]」をオープンさせた西野嘉章は、ショーケースの中できれいに整理・分類され、“見る人の想像力を喚起しない”博物館を批判する。「科学偏重主義に陥って、個人に根ざす主観性を投影できる場でなくなってしまったんです。それはまた、人間の欲望を狭い領域へ押し込めてしまったように感じます」と西野は語る。そこで西野は、インターメディアテクに最小限のキャプション（情報）しか置かず、鳥の羽と飛行機のプロペラを並べてみたりと、モノとモノの間に空白をつくることで鑑賞者が自由にイマジネーションを膨らませられる環境を用意した。それももちろん、西野個人のエゴイスティックな欲望によって、である。何もかもがデータ化されていく現代、「20世紀に世界標準化された『科学信仰』や『客観性崇拝』を乗り越えないと、21世紀は面白いものにならない」（西野）。情報はすぐに陳腐化する時代、自分自身が眺めたい世界をつくること。「なにからなにまで『みんな一緒に、平等に』という風潮のなかで、主観的な世界のモノを介して具体化してみせることに、むしろ価値がある」というのだ[04]。そのエゴイスティックな欲望こそが、アートサイエンスの起源につながり、両者を行き交うための起爆剤といえるかもしれない。

くという共創関係を築いた。

…われらに要るものは
銀河を包む透明な意志、
巨（おお）きな力と熱である。

——宮沢賢治『農民芸術概論綱要』

03｜インターメディアテク
正式名称は「JPタワー学術総合ミュージアム インターメディアテク」。東京駅前にあった旧東京中央郵便局舎をリノベーションした商業施設KITTE内にあり、東大博物館のコレクションから西野選りすぐりの博物標本が並ぶ。入場料は無料。
http://www.intermediatheque.jp/

04｜出典：Bound Baw「文化財アーカイブの欲望と使命（後編）西野嘉章×宇川直宏」執筆：市原えつこ
http://boundbaw.com/inter-scope/articles/5

05

AI時代にはじまる、機械と人間の新たな共生関係

19世紀末から20世紀初頭にかけての科学と芸術の黄金時代を経て、戦後はテクノロジーが一気に台頭し、いよいよテクノロジーとアートの融合を掲げる活動が活性化してくる。1966〜7年にかけてAT&Tのベル電話研究所のエンジニア、ビリー・クルーヴァーを中心にニューヨークで結成された集団「E.A.T.」[01]はその先駆け的存在だ。彼らは科学者やエンジニアの集団にロバート・ラウシェンバーグ、ロバート・ホイットマンといったアーティストを迎え入れ、アートやパフォーマンス表現にテクノロジーを介在させるための共創関係を築いていった。この活動の背景には、テクノロジーのもたらす問題や意味をアート表現から見出すと同時に、従来の科学システムへの批判を図ることにあった。このときE.A.T.の築いた「共創(コラボレーション)」の理念は、その後マサチューセッツ工科大学(MIT)のラボ構想にも引き継がれるなど、後世に大きな影響を与えていく。なお、このE.A.T.は1970年の大阪万博でペプシ館を担当することとなる。このときメンバーだったアーティスト中谷芙二子[02]を中心に、後の彼女の代表作となる《霧の彫刻》を発表し、中谷が世界的な名声を得るきっかけともなった。

E.A.T.結成とほぼ同時期の1968年にロンドンのICA(現代芸術研究所)では、世界初のコンピュータ・アートの展覧会「サイバネティック・セレンディピティ」[03]が開催される。コンピュータ・サイエンスや情報技術と人間との新たな関係を問いかけたこの歴史的な展覧会は、今日のアートサイエンスを考える上でも、AI技術がいよいよ日常的に迫ってきた現代においても示唆に富んでいる。たとえば出品作家のひとり、ジャン・ティンゲリーの《絵画機械──メタマティック》は、その名のとおり「マシンが絵を描く」ことを提示し、「アートは個人の主観や経験から生まれるもの」といった根強い固定観念から一度離れ、コンピュータを通しても「作品」が生まれうる可能性をいち早く提示している。このテーマは未だにメディアアート

01 | E.A.T.
正式名称は「Experiments in Art and Technology」。結成直前に10人のアーティストと30人以上の技術者が参加した「九つの夕べ──演劇とエンジニアリング」(1966)を発表し、大きな注目を集めた。

02 | 中谷芙二子
人工的に霧をつくりだし、幻想的な空間を創出する作品で知られ、国際的に活躍するアーティスト。2018年に高松宮殿下世界記念文化賞を受賞。「雪は天から送られた手紙」という言葉で有名な科学者、中谷宇吉郎の娘でもある。
Photo: Nakaya's Fog Sculpture #08025 "F.O.G.," Guggenheim Museum Bilbao, Spain

03 | サイバネティック・セレンディピティ
タイトルはアメリカの数学者ノーバート・ウィーナーが提唱した学問「サイバネティクス」に由来する。副題は「アート&コンピュータ」。キュレーターは当時ICAのアシスタント・キュレーターを務めたヤシャ・ライハート。

界でも根強く、昨今はロボットアームがペンを持ってドローイングする作品などが多数存在する。さらにAIの学習技術が急速に発展し、同時に画像認識の精度は人間のレベルを超えたとされる近年では、2015年にGoogleが発表した「Deep Dream」[04]や、2016年に「AIがレンブラントの新作を描いた」[05]といった“AIによるクリエーション”に関するニュースが大きな注目を集めた。画像生成以外にも、シェフ・ワトソンが新たなレシピを開発するなど、AIを用いたクリエーションは日に日に加速している。

とはいえ疑問は残る。レンブラントにしろ奇怪な合成絵にしろ、彼らAIたちが生みだした「新作」は本当にクリエイティブな行為の結果なのだろうか？　ここ数年のAIブームの加熱とともに「機械と人間を分かつ境界線はどこか」という議論が世間を賑わせたが、それも結局は人間しか持ちえない（だろう）「創造性」や「情感」をより一層育むべきだという論に終着しつつある。だが、この話は「機械vs.生命（人間）」といった安易な二項対立で終わることなのだろうか。ノーバート・ウィーナーが提唱した「サイバネティクス」とは、生き物が体内の信号処理と環境からのフィードバックによって動くシステムに対して、機械も同じ構造を持つという考え方であり、機械と人間を融合させようとするサイボーグもこの系譜上にある。つまり先述のICAの展覧会はアートという「問い」の軸を通して、機械と人間を等価のものとして見つめてみたり、テクノロジーによって拡張される新たな世界観や身体感覚、または機械にも生命性を見出そうとするような、第3の思考軸をひらく試みだったのだ。それは、当時からいまにつながる機械やAIにまつわる過度な恐怖心——たとえば「機械に人間は支配される」といった思い込みから一旦離れ、もっと豊富なイマジネーションが拡がることを目指したものではなかったのだろうか。

現在、AI（人工知能）を超えて、ALife（人工生命）を希求する研究運動[06]が再び加熱している。日本でALifeをリードする研究者の池上高志は、「機械と人間の関わり合いをつくるには、Intelligence（知能）ではなくLife（生命）という大きな箱が必要」と語る。さらにはそのLifeを探求していく土壌は、サイエンスだけではなく、必ずアートの存在が必要になることを強く説いている。「技術の効率性や最適・最大化を求める中で、ぼくたちが見落としてきたものは必ずあって、その大部分はアートや音楽の中に回収されている」[07]、と。こうした機械と人間の新たなビジョンや倫理観をひらくのも、アートサイエンスがもつ重要な仕事といえるだろう。

04｜**Deep Dream**
Googleが写真アプリ向けに開発したAIによる画像解析ソフトウェアのこと。AIが学習した膨大な画像（主にはヒトやイヌ・ネコの顔写真）から生成されたイメージが、サイケデリックすぎると一時期世界中で騒然となったが、話題が去るのも早かった。

05｜**AIがレンブラントの新作を描いた**
マイクロソフトとオランダの金融機関INGグループ、レンブラント博物館、デルフト工科大学などがコラボレーションし、画家レンブラントの作風をAIに学習させたプロジェクト。非常に“レンブラントらしい”新作が発表された。

06｜**ALifeを希求する研究運動**
生命を人工的につくりだす試みである「ALife（人工生命）」は、1986年に理論物理学者のクリストファー・ラングトンが提唱。30年の月日を経て、コンピュータ処理能力の進化によって、いま新たな熱を帯び始めている。代表的なALife研究者のひとりに、掃除ロボット「ルンバ」を開発したロドニー・ブルックスなどがいる。

07｜出典：Bound Baw「ALifeは科学界のエレクトロファンクになるか？創造的進化とHIPHOP! 池上高志×宇川直宏」
http://boundbaw.com/inter-scope/articles/19

06

一歩先の時代に問いかけるアルスエレクトロニカ

ここからは、アートサイエンスという共創環境を自発的につくり、新たなクリエイションや研究成果を世に送る機関や人々にまつわる事例を少しだけ見通してみたい。

ひとつめは、約40年の歴史をもつ世界最大規模のメディアアート機関兼フェスティバル、アルスエレクトロニカ（オーストリア・リンツ市／以下、アルス）だ。まだ家庭用コンピュータも普及していない1979年という段階から積極的にテクノロジーとアートの合流地点を生むイベントや世界的なビジョナリーを多数参加させるシンポジウムを開催し、メディアアートやアートサイエンスの歴史を築いてきた先駆者である。1987年にコンペティション「Prix（プリ）」と毎年9月開催のフェスティバルが始まってからは、各年のテクノロジートレンドや社会状況を読み解くテーマを設定し、アート作品の展示をはじめ、世界各国のアーティスト、科学者、先進的な取り組みを行う活動家らを招いた議論を重ねている。このフェスティバル・テーマを見ていくと、いかにテクノロジーの発展が社会状況を変化させてきたかがよくわかる。例えば、2017年のテーマは「AI - The Other I（もうひとりの私）」と、ここ数年におけるAIの第3次ブームに乗っかってきた。しかし、ありがちな「AIのビジネス活用事例」などの紹介ではなく、AI時代に変革するであろう人間性や生命感、社会のあり様にフォーカスを当てていたのがアルスらしいところだ。過去のテーマも興味深く、インターネットが民間普及し始めた1995年には、いち早くネットワーク社会を示唆する「Welcome to the Wired World - Mythos Information（ワイヤードな世界へようこそ）」を掲げたり、ゲノム編集が可能になると発表された1993年には「Genetic Art - Artificial Life（遺伝子の芸術－人工生命）」を提示するなど、時代の一歩先を読む先見性と、そこから生まれる「問い」を重要視する姿勢は一貫している。

上・中｜Photo: Florian Voggeneder
下｜Photo: Christopher Sonnleitner.

アルスエレクトロニカ フェスティバルテーマ

1987 フリー・サウンド
Free Sound

1988 シーンの芸術
The Art of Scene

1989 ネットワークシステムにおいて
In the Network of Systems

1990 デジタルの夢―仮想世界
Digital Dreams―Virtual Worlds

1991 コントロール不能
Out of Control

1992 内とナノ―内面からの世界
Endo & Nano―The World From Within

1993 遺伝子の芸術―人工生命
Genetic Art―Artificial Life

1994 知能的環境
Intelligent Environment

1995 ワイヤードな世界へようこそ―情報神話
Welcome to the Wired World―Mythos Information

1996 ミームシス―進化の未来
Memesis―The Future of Evolution

1997 肉体要因―情報機械・人間
Flesh Factor―Informationmachine Human

1998 情報戦争―情報.権力.戦争
Infowar―information.macht.krieg

1999 生命科学
Life Science

2000 ネクスト・セックス
―生殖力のある余剰物の時代の性
NEXT SEX―Sex in the Age of its Procreative Superfluousness

2001 乗っ取り―明日の芸術をするのは誰か
Takeover―Who's doing the art of tomorrow

2002 アンプラグド―地球規模の衝突の情景としての芸術
Unplugged―Art as the Scene of Global Conflicts

2003 コード―私たちの時代の言語
Code―The Language of Our Time

2004 タイムシフト―25年後の世界
Timeshift―The World in 25 Years

2005 ハイブリッド―パラドックスを生きる
HYBRID―Living in a paradox

2006 シンプリシティ―複雑さの芸術
SIMPLICITY―The Art of Complexity

2007 グッバイ・プライバシー
―すばらしい新世界へようこそ
GOODBYE PRIVACY―Welcome to the Brave New World!

2008 新しい文化経済―知的財産権の限界
A New Cultural Economy―The Limits of Intellectual Property

2009 人間性―人新世
HUMAN NATURE―The Anthropocene

2010 修復―ライフラインの準備
REPAIR―ready to pull the lifeline

2011 起源―いかにすべてを始めるか
Origin―How it all begins

2012 ビッグ・ピクチャー―新しい世界の新たな概念
The Big Picture―New concepts for a new World

2013 完全なる情報記録―記憶の革命
Total Recall―The evolution of Memory

2014 C… 変化を促すもの
C… what it takes to change

2015 ポスト・シティ―21世紀の生存可能空間
POST CITY―Habitat

2016 ラディカル・アトムス―私たちの時代の錬金術師
RADICAL ATOMS and the alchemists of our time

2017 人工知能―もうひとりの私
Artificial Intelligence―The Other I

2018 エラー―不完全性のアート
Error―the Art of Imperfection

07

アートサイエンスが街を育む

なぜ、アルスのような先進的なアートセンターがリンツという小さい都市に受け入れられたのだろうか。リンツ市内には常設のアートセンターとラボを兼任するアルスエレクトロニカ・センターがあり、独自のラボ機関FutureLab（フューチャーラボ）によるアート、教育、研究とが交わる複合的な取り組みを行っている。興味深いことに、リンツ市民にとってこのセンターは、美術館というよりも地域の教育機関として受け入れられている。なぜならアルスは長らくアートというフィールドを通して、現在のテクノロジーを深く考察できる教育的プラットホームを構築してきたからだ。筆者は2014年、フェスティバル会場となったリンツ市の小学校で、開催を決定した小学校校長のインタビューに同席したことがある。元々は化学の教師で、特段アートに興味があったわけではないという彼女は、「アルスは教科書には載っていない、“いま”と“未来”を教えてくれる最高の教育機関です」と語ってくれた。「私たち教師は歴史を教えることはできても、未来のこと、特にこの変遷の早いテクノロジーにはついていけません。でも、今の子どもたちが大人になる頃に状況は一変している。アルスには、アートという媒介を通してサイエンスの知見やテクノロジーと直にふれる環境がある。アートから未来を想像する時間を、子どもたちに与えてくれるんです」。

このようにアルスが教育にも注力した結果、リンツ市という人口約20万人ほどの小都市に与えた影響は大きい。もともとはヒトラーの出生地近郊で、なおかつ工業地帯で公害もひどいという「グレーの街」の印象だったリンツ市は、アルスのおかげで知名度ともに教育水準が上がり、新たな産業も誘致されるようになり、2017年のフェスティバルには過去最大の10万人が訪れるまでに成長した。

とはいえ、この世界的不況下においてはリンツ市も例にもれず、アルスの予算も決して潤沢ではなくなってきた。アルスと二人三脚で成長してきたリンツ市が、税金の使途と文化助成の間で常に揺れているという状況も背後にある。だが、一過性のフェスティバルで終わらず、アートサイエンスを軸に常設のアートセンターや地域の教育機関との連携を推進し、また後述するラボを構築してきたという実績は、昨今日本中の地方自治体が町おこしを目的に始める「地域アートフェスティバル」と比較しても学ぶところが多いだろう。アルス以外にも、フランスの港町ナント市にはデジタルミュージック&アートのフェスティバル「スコピトーン」があり、小さな港町の都市文化の成熟に貢献しているし、ドイツ・ベルリンではアートを通して社会的な議論を喚起する「トランスメディアーレ」、スペイン・バルセロナでハッカーたちを集結させる「The Influencer」など、テクノロジーとアートを軸に都市の文化に寄与するイベントは枚挙に暇がない。

似たような取り組みは、ここ日本にもある。山口県山口市にあるアートセンター山口情報芸術センターYCAM（ワイカム）[01]だ。2003年の創設以来、日本最大規模のスペースで世界的なメディアアート作品や舞台パフォーマンスなどを制作・発表してきたYCAMも、最大の特徴は施設内に研究機関「YCAMインターラボ」があることだ。彼らはプログラミングやデバイス開発など様々な専門技術をもって、アーティストの作品サポートをするだけでなく、独自のリサーチプロジェクトを進行している。また、開館当初から独自路線で教育活動にも注力し、近隣の小中学生が全力で遊び倒すメディアの公園「コロガル公園シリーズ」などの人気プログラムをはじめ、バイオラボ、3Dプリンタやレーザーカッターなどのデジタルファブリケーションも設置するなど、メディア・テクノロジーやサイエンスと身近にふれあえる環境を提供する。その環境にハマりはじめた近隣の子どもたちは「YCAMキッズ」と呼ばれ、将来有望すぎるアートサイエンティストたちへと変貌を遂げているのだ。こうした、アートサイエンスという果てなき探求に取り組む「ラボ」の存在こそが、その街に生きる人々の未来を変えていると言えるだろう。

01 | YCAM
元チーフキュレーターの阿部一直が手がけ、YCAMを起点に世界中を巡回するようになった作品は多数ある。池田亮司《C⁴I》、カールステン・ニコライ《syn chron》、坂本龍一+高谷史郎《LIFE-fluid,invisible,inaudible…》、大友良英《ENSEMBLES》、渋谷慶一郎《THE END》など。なお、ゆるやかな曲線が特徴的な建築を手がけたのは建築家の磯崎新。

© Yamaguchi Center for Arts and Media〈YCAM〉

最高の教育機関

08

アンチ・ディシプリナリー主義のMITメディアラボ

大学研究機関においても、アートサイエンスの運動はより一層の注目を集めている。工学×デザインのイノベーション戦略で有名なMITメディアラボは、1985年の設立以来「アンチ・ディシプリナリー（反分野主義）」を唱えてきた。いまでは当たり前のようになってきた技術、たとえばタッチスクリーンやGPS、ウェアラブルデバイスなどは、どれもMITメディアラボから生まれた発明品だ。こうしたアイデアは、いわゆる「工学部」からだけでは生まれ得なかっただろうとよく言及される。その背景にあるのがアンチ・ディシプリナリーな共創システムである。これは、様々な分野の研究者が共同でプロジェクトを進める「インター・ディシプリナリー（学際的）」とは異なり、「既存の分野のどこにもない領域」を創出していく試みだという。この志は創業から現在の所長・伊藤穰一らにまで引き継がれ、MITメディアラボが2016年に創刊したオンラインジャーナル『Journal of Design and Science（JoDs）』[01]にも、アンチ・ディシプリナリー的な研究の相互接続を目指す姿勢が読み取れる。

『JoDs』の創刊とほぼ同時期にMITメディアラボの教授でありアーティストのネリ・オックスマンが発表した図（右頁）は、各分野の位置づけを再認識するのに有効な図解だ。これによると、図の上部にあるアートとサイエンスは「Perception（認識）」を司るゾーンであり、Information（情報）とPhilosophy（哲学）を発信するものである。一方、デザインとエンジニアリングはProduction（生産）を行うゾーンで、生みだすのはEconomy（経済）とUtility（有用性）である。オックスマンによれば、個々の役割を認識しながらも、両者が互いに相関していくエコシステムが重要だというのだ。

この図で重要なのは、それぞれが対等に存在し、関係し合っている点である。

01｜Journal of Design and Science（JoDs）』
AIからバイオテクノロジー、ゲームやデジタルファブリケーションなど、とても一冊の学会誌とは思えないほど多種の論文を掲載するほか、Wikipediaのようにほぼすべてのコンテンツがユーザー同士で編集可能。あらゆるバックグラウンドを持つ人々が、流動性高くディスカッションできる環境を自発的につくりだしている。

たとえば、とにかく人の手や頭から生みだされた「クリエイティブなもの」または「人が表現したもの」全般をアートまたはデザインとごっちゃに呼びがちだが、アートは認識を変え、デザインは生産を変える、と整理すると両者の違いがよく見えてくるだろう。

また「科学技術」という日本語にしても、科学と技術が一括りにされやすいが、そのほとんどは「技術」の意で使われている。だが、「宇宙の始まりは何だったのか」「鳥の交尾にはどんなバリエーションがあるか」といった世界の理を様々な側面から知ろうとする基礎科学と、「ナノテクで新薬を開発しよう」とか「深層学習をより進化させよう」とする応用科学や工学が隣り合わせにいたとき、どちらが社会のためになるかと言っても、そもそものモノサシが異なるので判断はつかない。悲しいかな、不況下の日本の現状においては経済合理性のほうが優先されやすく、一見して社会の役に（すぐに）立ちそうな研究ばかりに研究費が割かれていく。だが、ここでの「有用性」とは、どのタイムスケールを指すかをもう一度考えてみたい。

先述のオックスマンの図を見て、サイエンスやアートから導かれた哲学や認識が、結果エコノミーの側に消費される材料になると感じる科学者もいる。しかしアーティストや科学者が「生命の本質とは何か」を探求していたとして、そこから私たちにもたらしてくれる豊穣で壮大な景色やイマジネーションが、人の役に立ったり、イノベーションにつながるかどうかなんて極めてどうでもいい話だ。アートとサイエンスが持つ歴史的時間軸は、目先の合理性や有用性のはるか先までを見通してくれる。ゆえに、アートとサイエンスは私たちを魅了するのだ。

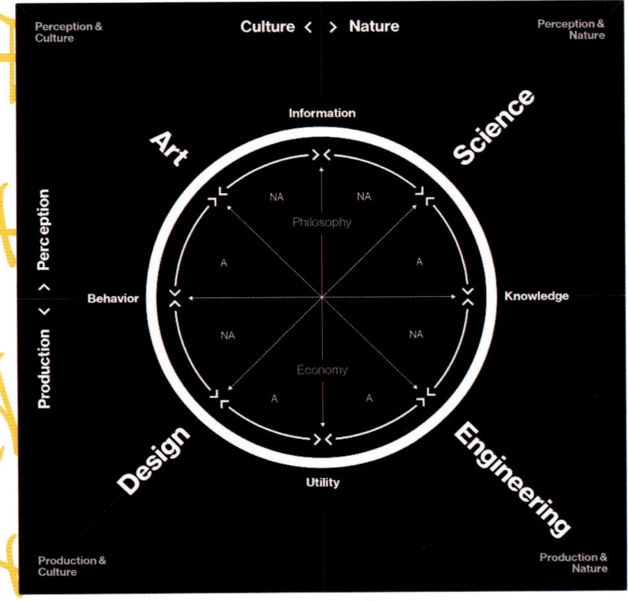

MITメディアラボ教授でありアーティストのネリ・オックスマンが提示したエコシステム図

リアリティな景色

09

「最先端」を脱し、10億年先の未来へ

彼らが一番恐れているのは取り残されることです。モダンであるとはどういうことか、人間であるとは何か、誰が定義しているのでしょう。ソフトウェア企業？　まさかね。

——ローリー・アンダーソン[02]

ロボットやAIや自動運転車がどれだけ新しいモノに見えても、テクノロジーは常に「古くなる」という性質を抱えている。特に現在の技術開発のスピードでは数年のうちに新しいデバイスやソフトウェアが発表され、どんどんと私たちの生活を一新していく。『ぼくたちは何だかすべて忘れてしまうね』と書いたのは岡崎京子だが、そうして古くなった技術は、あっという間に忘却の彼方へと埋葬されていく。そう考えてみると、未来を更新しそうな新しい技術が生まれたときに、ことさらそれらを賞賛し、その物珍しさに振り回されているのでは、とりわけ数年先のレベルでしか「新しいもの」は生まれないだろう。そもそも新しさの鍵は技術自体の新規性よりも、実際は枯れた技術[01]の「新しい組み合わせ」にあったりもする。そのヒントは、過去の歴史の中にたくさん眠っているはずだ。

もちろんアートサイエンスという分野自体が、誰も見たことのないものを世に送りだすという命題からは逃れられない。しかし、多くのメディアが「最先端のテクノロジー!」と、アイデアや技術の新規性ばかりが賞賛されるいま、「アートサイエンス」であり続けるとは何かをもう一度考えてみたい。それは、世間のトレンドや既存の領域にとらわれず、自分自身で感じ、考え、想像力を働かせながら実行し、境界線を行き来できるセンスを持つことにほかならない。異分野を行き交う思考と感覚のトレーニングを繰り返すことで、自分だけのモノサシが生まれ、新たな地点へと大きくジャンプする力が育まれていく。

そのとき、アートとサイエンスの「融合」という言葉を安易に用いるのには注意したい。「融合」という言葉を自分たち自身が使ううちに、双方をそれなりに知っている気分になり、結果として判断基準が甘くなったり、その場の発言力の強い人間に流されたりする危険もあるからだ。その冷静な批評眼を失うと、過度にハデで中毒性のあるパフォーマンスばかりが求められたり、サイエンスの技術デモ

が恭しくアートと呼ばれたり、またはアートのプレゼンテーションに科学的なスパイスが投入されただけという程度に陥るケースも多々ある。もう一度言うと、アートとサイエンスは決定的に違うからこそ、意義がある。その矛盾や衝突の連続が、新たな創造を育んでいくのだ。

いま、サイエンスやテクノロジーの発展が次の未来をつくると誰もが信じている。しかし、技術発展に伴って「未来が良くなっていく」なんて考えられるようになったのは、人類の長い歴史を振り返ればここ1〜2世紀くらいのことである。それに、ここ最近で語られる「未来」は、果たして何年先のことを示しているのだろうか。5年先？ 10年先？ 変化が絶えない今の世の中、10年くらい先にはあっという間にゲーム・チェンジが起きることを誰もがわかっている。だが、私たちの想像力はそんなに貧困だったのか？　なぜ100年後、200年後、1万年後のことは考えないのだろうか？　さらに言えば、今私たちが抱くあらゆる未来のイメージのほとんどは20世紀のマンガや映画で描き尽くされ、特に更新されていないと言えるかもしれない。

アートサイエンスは、そんな縮こまった「未来」をはるかに飛び越える可能性をもっている。AIがそのうち10億年先の地球や宇宙の姿をシミュレーションするかもしれない時代において、目先のニーズなんかには決して応えず、人間中心の視点も脱して、世界の真理を追求する「アート」と「サイエンス」の価値が浮上してくる。宇宙の始まりを知ろうとするサイエンスと、生命や人間の本質を描くアートが衝突するとき、私たちはもっと、人間の根源にあるプリミティブな景色を想起し、遥か遠くの、宇宙の果てに思いを馳せることもできる。その溢れでるイマジネーションをもって、どんな理想の世界（ユートピア）をつくれるかを実験する方がよっぽどエキサイティングではないだろうか。どれだけの時代や技術を経ても、私たちの本質は変わらない。けれどアートサイエンスが爆発し、世界中に溢れだしたとき、きっと、私たちの世界の景色は大きく変容していることだろう。

01 | **枯れた技術**
ゲームクリエイター横井軍平による哲学「枯れた技術の水平思考」に由来。すでに広く使用され、長所・短所も明らかになっている技術のことを指し、既存の技術でも、使い方によってはまだ見ぬ可能性があることを説いた。

02 | 出典：『科学と芸術の対話―マルチメディア社会と変容する文化〈02〉』（NTT出版、企画：NTTインターコミュニケーション・センター［ICC］、監修：浅田彰）

私たちはテクノロジーを使っているけれど、
あまり理解してはいません。
その結果崇拝することになりがちですが、
機械を崇拝するだけなら原始人と変わりないでしょう。
私たちはもっと進化しているはずです。

――ウィリアム・ギブスン[02]

世界のアートサイエンス機関

WORLD ART SCIENCE ORGANIZATION

**アートサイエンスをリードする運動は、いま世界各地で進行している。
メディアアートを推進するアートセンターもあれば、
サイエンス・テクノロジーの大学や研究機関にアートを取り入れるプロジェクト、
またはアーティストたちが主導するインディペンデントな教育施設まで、
注目すべき14施設を一挙紹介する。**

01 教育機関
イギリス／プリマス

University of Plymouth School of Art, Design and Architecture

1862年設立のプリマス大学に設置された、アートとデザイン、建築に関する学部。建築やデザイン、ファインアートといった専攻のほかにメディアアート専攻があり、学生はビデオや写真、サウンド、アニメーションといったさまざまなデジタルメディア分野のいずれかを専門に扱うことが可能。ダイナミックに変化していく現代のメディアと芸術産業に合わせた幅広いスキルの習得を目標とする。
https://www.plymouth.ac.uk/schools/school-of-art-design-and-architecture

02 教育機関
イギリス／ロンドン

RCA School of Communicaion, Information Experience Design

イギリスのロンドンにある国立の美術大学「Royal College of Art（RCA）」の中に設置された修士課程。「情報を経験に変える」という同課程の目標のもと、動くイメージを重要なコミュニケーションの力と捉える「Moving Image Design」、多様で複雑な現代社会を音から感じる「Sound Design」、経験デザインやインタラクションデザインに代わるクリティカルな選択肢を研究する「Experimental Design」という3つの専攻が用意されている。
https://www.rca.ac.uk/schools/school-of-communication/ied/

03 アートプロジェクト
フランス／ナント

Stereolux

テクノロジーアートや、アート＆サイエンス、メディアアートの分野を拡張すべく、2002年に始まったフェスティバル「スコピトーン」に端を発するアートプロジェクト。2011年には活動の拠点施設となる「Stereolux」を建設。以降、アーティスト・研究者・企業間の橋渡しを目指して創設された「Stereolux Arts & Technologies Laboratory」を中心に、さまざまな分野を交流させるプログラムやプロジェクトが年間を通して行われている。
https://www.stereolux.org/

04 アートセンター
ベルギー／ブリュッセル

iMAL
interactive Media Art Laboratory

アーティストが新しい技術についての研究を行うメディアラボを擁し、さまざまな展示やレクチャー、パフォーマンスなどを行うアートセンター。コンピュータやネットワーク技術を使った芸術形式とクリエイティブな実践をサポートする組織として1999年に設立された。広さ600㎡の「Centre for Digital Cultures and Technology」のスペースや、ブリュッセルで初となるファブラボなども併設され、さらなるイノベーションの加速に期待がかかる。
http://www.imal.org/

EUROPE

05 研究機関 スイス／ジュネーヴ

CERN
European Laboratory for Particle Physics

スイスとフランスの国境地帯にある、世界最大規模の素粒子物理学の研究所。1954年に発足し、現在は世界約105カ国、約12,000名のメンバーがいる。宇宙初期の状態の理解についての研究を進めてきたほか、1989年にWorld Wide Web（WWW）が考案された地でもあり、情報技術、医療応用、教育など、CERNでの基礎研究を社会へとつなぐ活動も積極的に行う。2011年からは「Arts@CERN」というアートプログラムが創設され、アーティストの受け入れなども行っている。
https://home.cern

06 アートセンター ドイツ／カールスルーエ

ZKM
Center for Art and Media in Karlsruhe

アートとメディアの博物館と研究所が融合した施設。芸術とニューメディアの融合、および多領域的なメディア芸術の追求をビジョンに掲げて設立され、1997年より一般向けに開館。カールスルーエ造形大学との密接な協力関係のもと、新しいメディアに関する理論と実践の実験室としてインハウス型の研究開発を行う一方、博物館では油絵からアプリ、従来の作曲からサンプリングまで、視覚・聴覚に訴えるさまざまなアートが展示されている。
http://zkm.de/

07 アートセンター オーストリア／リンツ

Ars Electronica

「Art,Technology, Society」をキーワードに発展してきた、デジタルアートとメディアカルチャーの世界的拠点。1979年に始まったメディアアートの祭典「アルスエレクトロニカ・フェスティバル」をはじめ、“未来の美術館”として社会との橋渡しの役割を担う「アルスエレクトロニカ・センター」、1987年に設立された国際的なコンペティションである「Prix（プリ）」、R&Dとしての役割を持つ研究所「Ars Electronia FutureLab」の4本柱によって構成される。
https://www.aec.at/

USA

08 アートセンター アメリカ／ロサンゼルス

UCLA Art | Sci Center + Lab

（メディア）アートと（バイオ／ナノ）サイエンスのコラボレーションが秘める無限の可能性を促進させ、"サードカルチャー"の進化を追求するためにつくられた大学内機関。アーティストとサイエンティストが、社会に対する相乗効果を生む関係性を持ったものとして捉えられるようさまざまな研究会を行っているほか、社会的でエシカルかつ環境的な問題に取り組むプロジェクトやワークショップ、展示なども積極的に開催している。
http://artsci.ucla.edu/

09 教育機関 アメリカ／ニューヨーク

SFPC
School For Poetic Computation

「仕事探しのためのポートフォリオではなく、奇妙で美しい創作を行う」ことをミッションに掲げる、アーティストによるアーティストのためのオルタナティブスクール。2013年設立。プログラミングを詩的なものと捉え、プログラミング、デザイン、ハードウェアや理論に関するさまざまなトピックを学ぶ。オープンな創造性さえあれば、誰でも入学資格を得ることができ、10週間のプログラムに参加可能。
http://sfpc.io/

10 教育機関 アメリカ／ケンブリッジ

MIT Media Lab

1985年、マサチューセッツ工科大学（MIT）内に設置された研究機関。2011年から日本人の伊藤穰一が、MIT Media Labの第4代所長を務める。テクノロジー、マルチメディア、サイエンス、アート、デザインなど、多岐にわたる学問分野を融合した技術の応用や、新たな統合分野の開拓に主眼を置いた研究が行われており、タッチスクリーン、電子ペーパー、GPS、ウェアラブルデバイスといった技術がここから生まれた。
https://www.media.mit.edu/

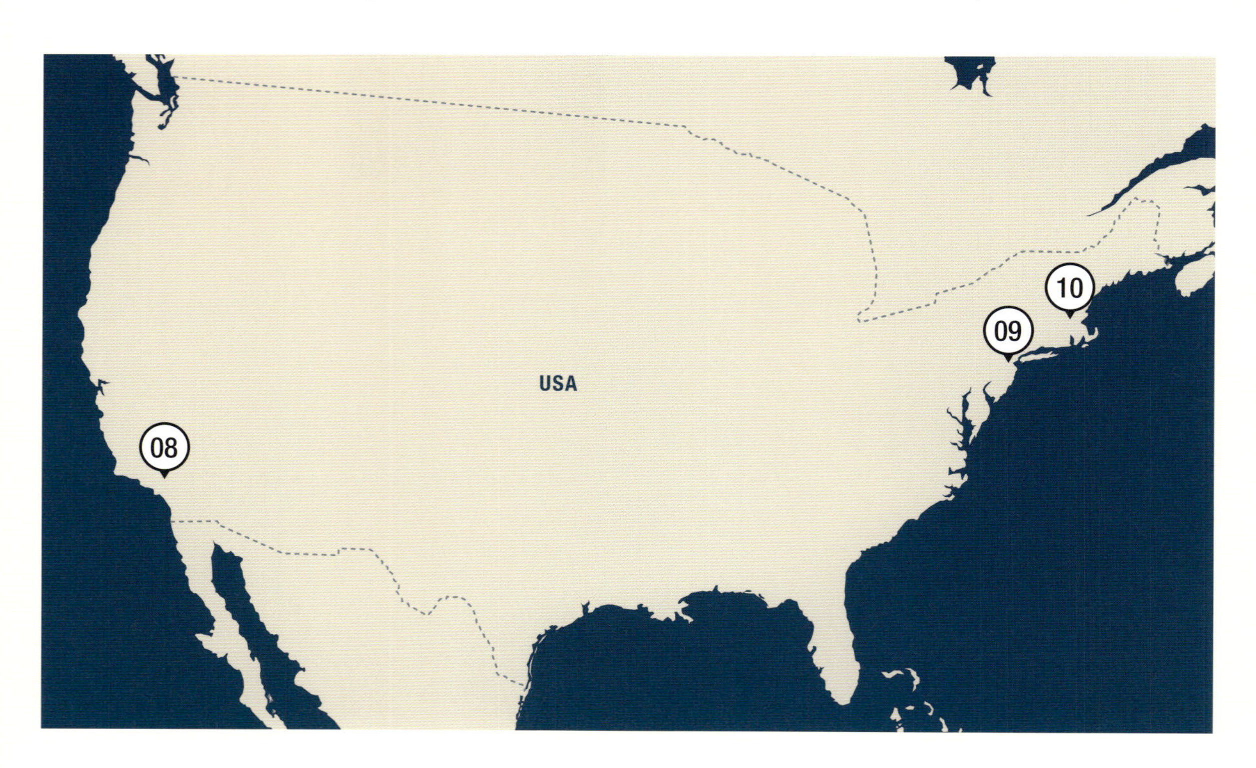

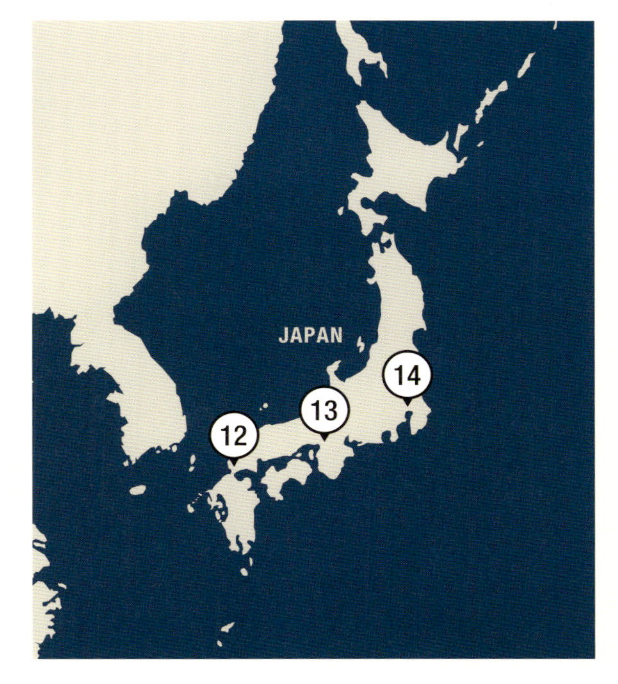

11 ミュージアム
シンガポール

ArtScience Museum

アートとサイエンス、テクノロジーと文化の中核を成すクリエイティブなプロセスに光を当てることを目的に2011年設立されたミュージアム。総面積6000㎡の敷地内に、3フロアに21のギャラリースペースを擁し、展覧会、イベントパフォーマンス、学習アクティビティなどさまざまなプログラムを行う。2016年にはチームラボとのコラボレーションにより、「FUTURE WORLD: アートとサイエンスが出会う場所」という常設展示を始動した。
http://www.marinabaysands.com/museum.html/

12 アートセンター
日本／山口

山口情報芸術センター［YCAM］

市民やさまざまな分野の専門家と「ともにつくり、ともに学ぶ」ことを活動理念として2003年開館。「オリジナル作品の制作・発表」「教育プログラムの提供」「地域の課題や資源とメディア・テクノロジーの融合」を3本柱に、展覧会や公演、子ども向けのワークショップなどを開催する。また、内部に「YCAMインターラボ」を設置。メディア・テクノロジーの応用可能性の研究や、これからの芸術や教育、産業を支える人材の育成を目指す。
http://www.ycam.jp/

ASIA

13 教育機関
日本／大阪

大阪芸術大学 アートサイエンス学科

「Act! Art! Ark!」3つのAを合言葉に、デジタルテクノロジーが欠かすことのできない創造基盤となっている現代における、クリエイティブな才能を磨いていくための専門教育機関として2017年に創設。ウェブメディア『Bound Baw』の創刊をはじめ、大学の常識にとらわれることない先進的なプロジェクトを発進させる一方、斬新なカリキュラムとすぐれた指導陣を用意して、21世紀型クリエイターの卵たちを育てる。
http://www.osaka-geidai.ac.jp/geidai/departments/artscience/

14 アートセンター
日本／東京

NTTインターコミュニケーション・センター［ICC］

日本の電話事業100周年の記念事業として1997年にオープンしたテクノロジー・アートのアートセンター。オープン以来、VRやインタラクティブ技術など、最先端のテクノロジーを用いたメディアアート作品を展示し、従来の形式やジャンルを超えた企画展を開催してきた。作品展示のほかにも、ワークショップやパフォーマンス、シンポジウム、出版など、さまざまなプログラムを通じた新しい表現、コミュニケーションの可能性を模索する。
http://www.ntticc.or.jp/

写真提供：NTTインターコミュニケーション・センター［ICC］

CHAPTER 2

ART SCIENCE NOW

アートサイエンスの現在

サイエンスやテクノロジーの進化とともに、アートが見せる景色も変化していく。
未知なる知覚や感情を引きだしたり、新たな生命観や人間とは何かを問いかけたり、
または私たちを取り巻くメディア環境を鋭く読み解くのもアートの仕事だ。
その歴史を更新していくアートサイエンスには、
現代を知る、また人間の本質に立ち返るいくつもの問いで溢れている。
バイオテクノロジーからAI、VR/ARまで、いま着目すべきアートサイエンスを紹介する。

ビッグデータ時代の到来が騒がれて早10年近く。GoogleやFacebookが世界的覇者となった最大の理由は、膨大なデータを入手できるプラットホームをいち早く構築したからだ。「データを制すものはビジネスを制す」というデータマーケティングの常識は定着し、ここ数年の急速なAIの技術発展もデータ量の爆発的な増加と相関関係にある。ブロックチェーンのような永久にデータを記録し続けられる分散型台帳技術も登場し、世界で最も電子化の進むエストニアなどはブロックチェーン技術を取り入れた画期的な電子行政サービス「e-Residency」を2015年に始動した。その一方で、個人データの流出に伴うプライバシー問題やデータビジネスの偏りに警鐘を鳴らし続けてきたEUは、2018年5月ついに念願の個人データを保護する新法「一般データ保護規則（GDPR）」を施行している。

データをめぐる様々な攻防戦が巻き起こる現在、"データからしか描きだせない"新たなランドスケープを現状のデータ・オリエンテッドな状況前夜から見通し、作品を生みだし続けるアーティストもいる。日本を代表する電子音楽家の池田亮司は、1984年から映像・音響・パフォーマンスの融合で舞台空間を革新させたアート集団ダムタイプ（1984年創設）に1990年代年から加入し、主要メンバーのひとりとして活動。後に完全なソロ活動として作品を発表する中で、空間を構築しうる要素を「データ」自体に発見した。最初のデータ・オリエンテッドにフォーカスしたエポックメイキングな作品《formula》は世界的な注目を集め、その後次々に発表された作品ライン《datamatics》《test pattern》などでは、本来は目に見えない有限および無限のデータをサウンドと光学装置、映像装置を用いて、様々な解像レベルと速度でデータを可視的にコーディングすることで、圧倒的な身体の体験を引きだしている。池田はデータ・オリエンテッドな面を最大限に引きだすことで、作品の空間延長な表現スケールはいくらでも可変であるということを示した。これはアリストテレス以来の、中庸な空間においてアートが機能するという人間中心標準を完全に覆したともいえる。日本のメディアアート界をリードする真鍋大度もまた、データを駆使して表現をアップデートしてきた人物だ。2015年に発表した《chains》はビットコインの取引データを3D空間上で可視化することで、驚異的なスピードで取引が進む、見えざる経済シーンの一端を浮かび上がらせた。またクリエイティブ・コーダーとして、数々のアート作品やプログラミング・ツールの開発に携わってきたカイル・マクドナルドは、総鏡張り空間を用いたインスタレーション《Social Soul》でSNS上に日々流れるデータが無限に続いていくような世界を構築している。一方、データを用いて社会の潜在的な問題を浮上させるパオロ・キリオは、《Obscurity》にてオンライン公開されたアメリカでの逮捕者1500万人の顔写真データを集めて合成し、データ内容を曖昧にすることで、現代における情報倫理を問いかけている。

ビッグデータの時代といえど、この有象無象の世界で「データ」として記録されるものはほんの一部にすぎず、データにとらわれすぎると物事の本質を見失いやすいという議論もある。だが、個人の生や社会のあらゆる事象がデータ化される時代だからこそデータワールドの世界は無視できず、こうしてデータを武器に新たな地平とインターフェースを見出し、社会に風穴を開けるのがアートサイエンスの役目といえるだろう。

データから見える新たな風景とは？

上｜《test pattern［100m version］》2013
© Ryoji Ikeda Photo: Wonge Bergmann
courtesy of Ruhrtriennale 2013
下｜《test pattern［times square］》2014
© Ryoji Ikeda Photo: Ka-Man Tse for @TSqArts

池田亮司《test pattern》2008-

0と1の世界から、知覚の極限に挑戦する

いかなるデータも「0/1」のバイナリとバーコードに変換しうるシステムの応用を通じて、装置の人間の知覚の極限に挑んだインスタレーション。複数台のスピーカーとプロジェクターが暗い空間で一直線上に配置され、高周波のシグナルに同期しながら暗闇の中で鮮烈に明滅する。サウンドはモノトーンのラインからなる整然としたパターン映像へと即時に変換されていく。瞬間的に、毎秒数百フレームを超えるほど高速に変化し続けることで、装置の性能ギリギリまで駆動すると同時に、体験者の知覚を極限まで拡張していく。意外なことに、このモノクロームのデジタル空間の中で人々は思い思いに身を休め、瞑想したりヨガをしたりする人も現れるほど、不思議な心地よさを生みだしていた。2014年には、NYのタイムズスクエアのアートプロジェクトでも展開され、深夜の5分間だけ全ビルボードが《test pattern》によってジャックされた。

真鍋大度《chains》2016

現代の金融システムを可視化する

ブロックチェーンの仕組みを音と映像で表現し、現代の金融やトレーディングシステムに対して問題提起を行ったインスタレーション。「BlockChain.info」と8箇所のビットコイン取引所のAPIからリアルタイムに情報を取得し、刻一刻と変わる取引の状況をビジュアライズしていき、商取引が発生すると徐々に音が盛り上がり、およそ10分に一度のブロック生成のタイミングで盛り上がりのピークを見せる。また、独自の自動取引アルゴリズムによって、オンラインでベットされた賭け金を運用し期間内の成績に応じてペイバックする仕組みも開発した。

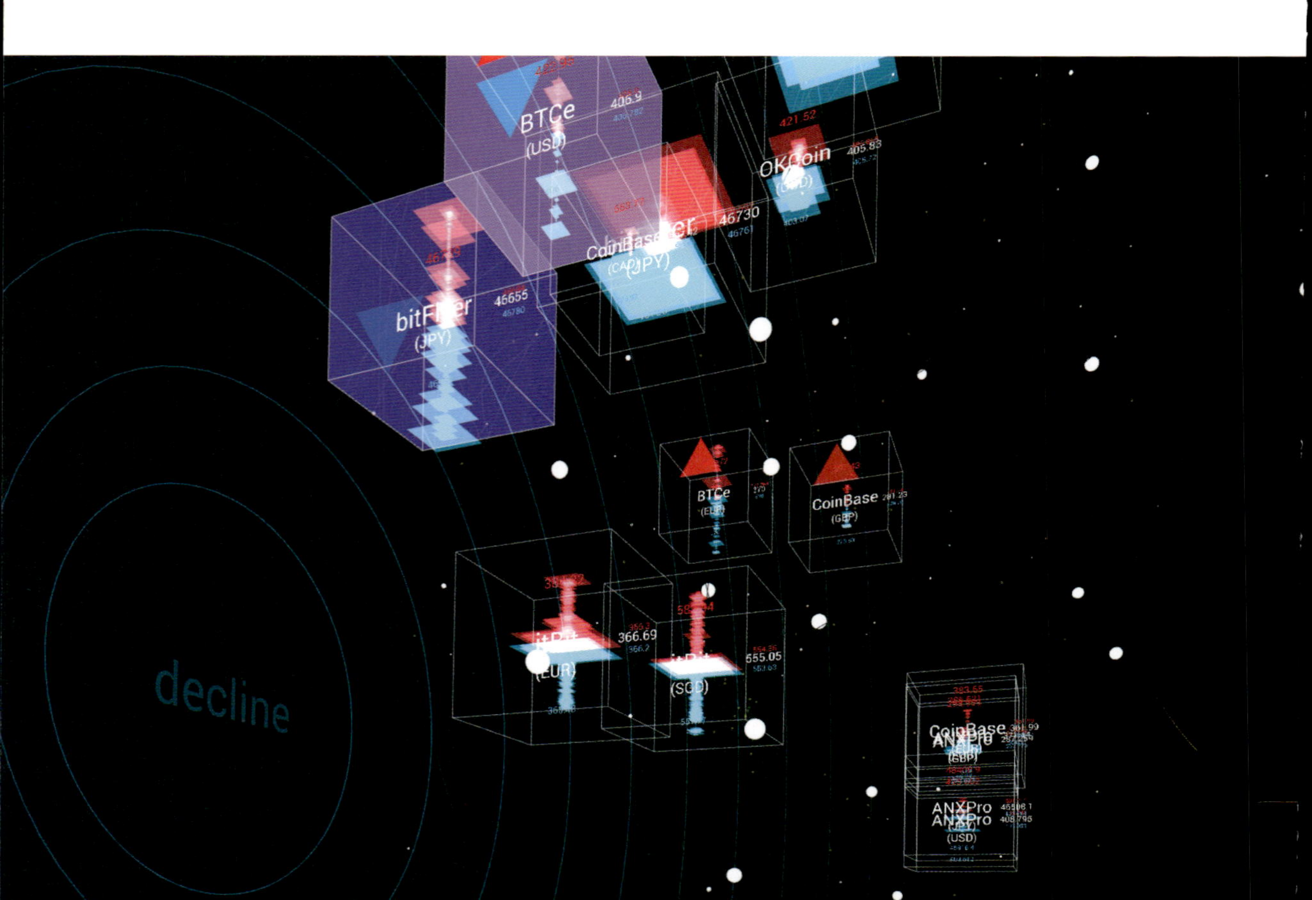

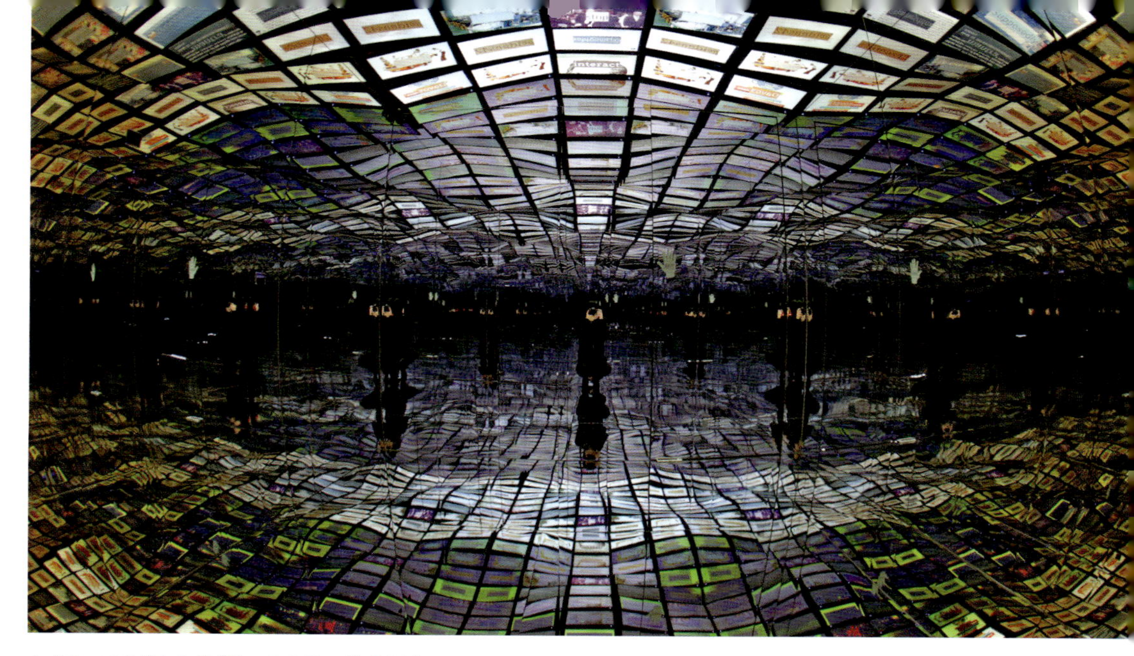

カイル・マクドナルド《Social Soul》2014

無限のSNSワールドに誘う
「誰かのSNSのストリームの中に紛れ込んだら何が見えるだろうか?」という問いから生まれたインスタレーション。モニターと鏡で構成された室内には、入場者自身のTwitterのソーシャルタイムラインから抽出された画像や動画をミックスしたビジュアルが表示され、サウンドもリアルタイムに生成されていく。本作品は「TED2014」のスポンサーであるデルタ航空のために制作され、入場者はTwitterの情報に基づいて、TEDへ参加している「Soul Mate」とオフラインで出会えるよう、会場を出るとその両者にツイートが飛ぶ仕組みになっていた。作品のソースコードはすべてGitHub上で公開されてもいる。

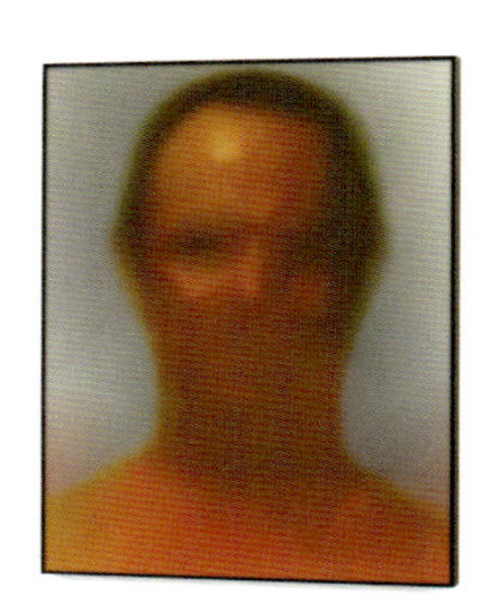

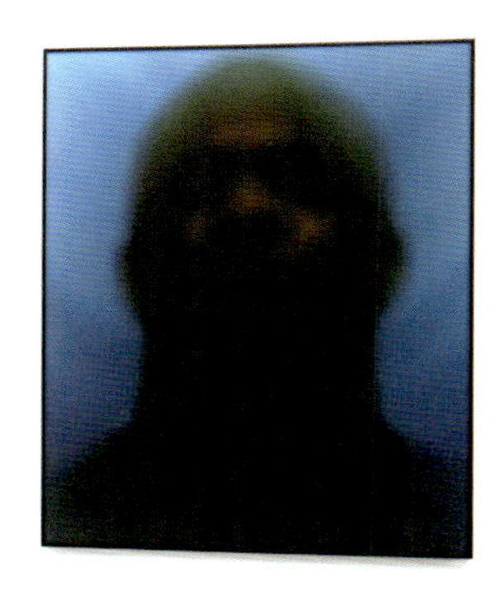

パオロ・キリオ《Obscurity》2016

ウェブ公開された「顔写真」の倫理を問う
アメリカでは、逮捕した人物の顔写真が原則すべてウェブサイトで公開される。そのネット公開された1500万もの逮捕者の顔写真データをランダムにシャッフルして合成し、ぼかしをかけて提示した作品。オンライン参加型の社会実験プロジェクトを好むキリオは、この合成写真をウェブで発表するとともに、すでに存在する「犯罪者の顔写真サイト(mugshots.comなど)」を残すべきか、それとも削除すべきかを人々に問いかけた。日々、ネット空間にはありとあらゆる顔写真が公開されているが、それが一度「犯罪者」となった瞬間、その人の将来は一変する。インターネット時代の情報倫理を鋭く問う作品。

BIOLOGY

生命・人間をハック&更新する

バイオテクノロジーの発展が著しい。生体材料から新たなマテリアルが開発され、ある程度の機材があれば民間でも気軽にDNA解析できるようになり、バイオ3Dプリンターの性能向上によって人工臓器や血管も作成可能になったほか、iPS細胞の発見によって再生医療の実現にも拍車がかかってきている。それは同時にヒトの手による人間や生命のアップデートがいよいよ可能になってきた時代を意味する。この改変可能性に先手を打って既存のテクノロジーをハックし、「オルタナティブな生のあり方」を世に問うのがバイオアーティストだ。その挑戦がラディカルであればあるほど議論を集め、私たちの常識に揺さぶりをかける。

自身の腕に人工の「耳」を移植したことで知られるSTELARCは、自らの体をメディウムとして実践にかけ、サイボーグのように身体は拡張しうることを文字通り"体現"し続けてきた先駆者である。高性能の義足を装着したパラリンピック選手がすでにオリンピック記録を更新しようとするいま、人間の身体とテクノロジーの境界線はますます揺らいでいく。入れ墨をしたりピアスを開けたりするのと同様に、人類が古代から抱いてきた身体拡張、または身体改造の夢を先端テクノロジーで実現するSTELARCは、ポスト・ヒューマン(進化した人類)への終わりのないアップデートと想像力を育んでくれる存在のひとりだ。

バイオアートにおける先駆者オロン・カッツは、オーストラリア、パースの大学附属のラボにバイオアートのプラットホーム「SymbioticA」を創設し、参入障壁の高かった生物学の世界への門戸をアート表現に開いてきた。こうしたバイオロジーとアートを融合させる活動は世界中で浸透しはじめ、企業や研究機関を渡り歩くバイオアーティストも増えている。そのひとりであるエイミー・カールは、人工的にも培養可能な"生物"から生命の意義を改めて問うと同時に、ものづくりがバイオの領域にまで浸透してきた時代を示唆している。

一方で、バイオリサーチを社会課題と結びつけるアーティストもいる。長谷川愛は、マイノリティの多様な生き方を示す根拠として綿密なサイエンスリサーチを重ね、科学的にも"ありえるかもしれない"未来像を描きだす。子どもは複数の親とシェアできないか? 同性愛者が家族を持つとはどういうことか? その挑発的な問いに驚きやおそれを感じる人もいるだろう。しかし、バイオアートの可能性はそうした人の生理的感覚に訴えかけることで、凝り固まった私たちの固定観念をリフレームすることにあるのだ。

STELARC
《PROPEL: BODY ON ROBOT ARM and PROPEL: EAR ON ROBOT ARM》

身体の拡張性を探求する

自らの身体をメディアと捉え、医療器具やロボット工学、VR、インターネット、バイオテクノロジーを駆使することで、人間の身体意識の変化と未来の身体変化の可能性を考察する。主なパフォーマンスに、自らの身体を鉤針で吊り下げる《SUSPENSIONS》や、精密なロボット義手を使った《THIRD HAND》、人工耳を左腕に埋め込んだ《EAR ON ARM》など。最近では、腕の人工耳にGPSと無線LAN機能を有した小型マイクを埋め込むことで、不特定多数の人が自分の行動を追跡、聞くことが可能になるプロジェクトを計画している。

Photo: Jeremy Tweddle, Jannette Weber

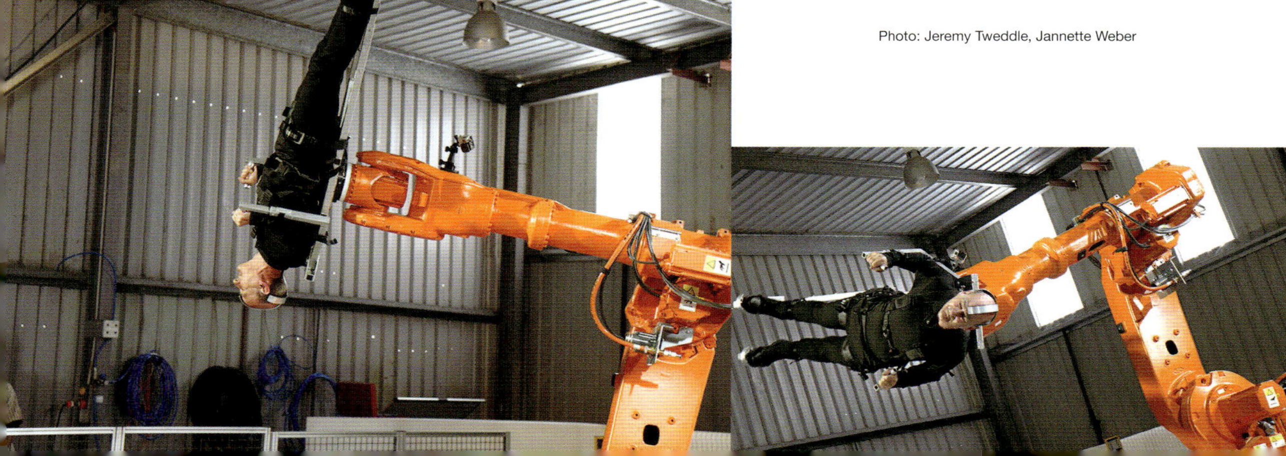

長谷川愛《(不)可能な子供、01:朝子とモリガの場合》2015

同性カップルの子どもの姿をシミュレーション

実在する同性カップルの一部の遺伝情報から、できうる子どもの姿や性格などの予測データから「家族写真」を制作した作品。この挑戦的なプロジェクトの経緯を追ったドキュメンタリー番組がNHKで放映された日には、Twitter上で大きな賛否が巻き起こった。長谷川の意図は「議論を喚起する」ことにあり、感情的に否定する意見が多発することも踏まえながら、一人ひとりが考えるきっかけを提示した。将来、同性生殖が技術的に可能になったとして、果たしてそれは倫理的に可能なのか、その可否は誰が決めるのかを真摯に問いかける。2015年の第19回文化庁メディア芸術祭 アート部門で優秀賞を受賞した。

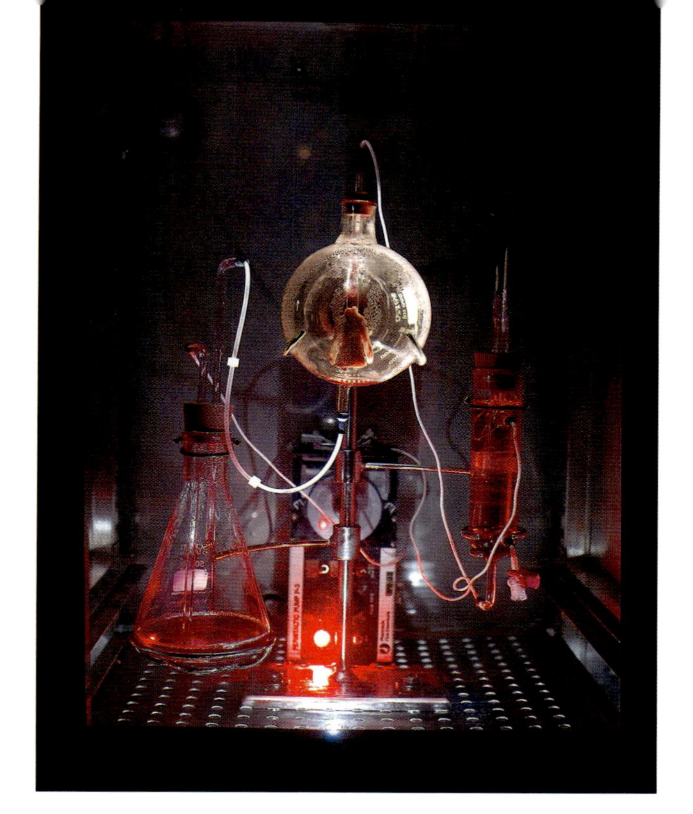

The Tissue Culture & Art Project
（オロン・カッツ&ロナート・ツァー）
《Victimless Leather—科学技術の“体”で育つ、縫い目のないジャケットのプロトタイプ》

バイオアートの先駆者たち

「生命と科学」を主題に、バイオアートの世界を開拓してきたアーティストで研究者のオロン・カッツは、2000年にウェストオーストラリア大学でバイオロジーに関する制作と研究のプラットフォーム「SymbioticaA」を創設。ロナート・ツァーとのコラボレーションでは、「The Tissue Culture & Art Project」名義で、再生医療技術を用いて培養細胞でミニチュア人形をつくる《A Semi-Living Worry Doll H》や、フラスコの中で衣服用の皮革を再生させる《Victimless Leather》などを発表。前例のないバイオアートというフィールドを開拓し続けてきたひとりだ。

BIOLOGY

エイミー・カール
《Regenerative Reliquarey（再生可能な聖遺物）》2016

「生命」を人工培養する
バイオ×ファブリケーション

3Dプリンターとヒトの幹細胞から人間の手の骨を再現した作品。PEGDAハイドロゲルを素材に3Dプリントした手の骨格に、ヒトの間葉幹細胞を植え付け育成する。無機質の物体から生命の可能性を描きだすことを目指した本作品は、生命の神秘に対しての問いを投げかける。一方で、免疫反応のリスクを抑え、細胞移植を可能にする再生医療からも着想を得た本作品は、生体素材とFABの融合を象徴的に示したとともに、ものづくりのプロセスがバイオハッキングや合成生物学の領域へと移行していくことを示唆している。

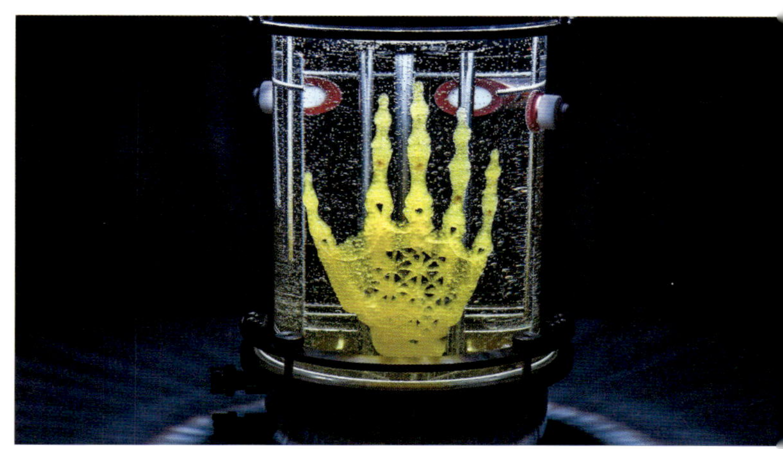

©Amy Karle

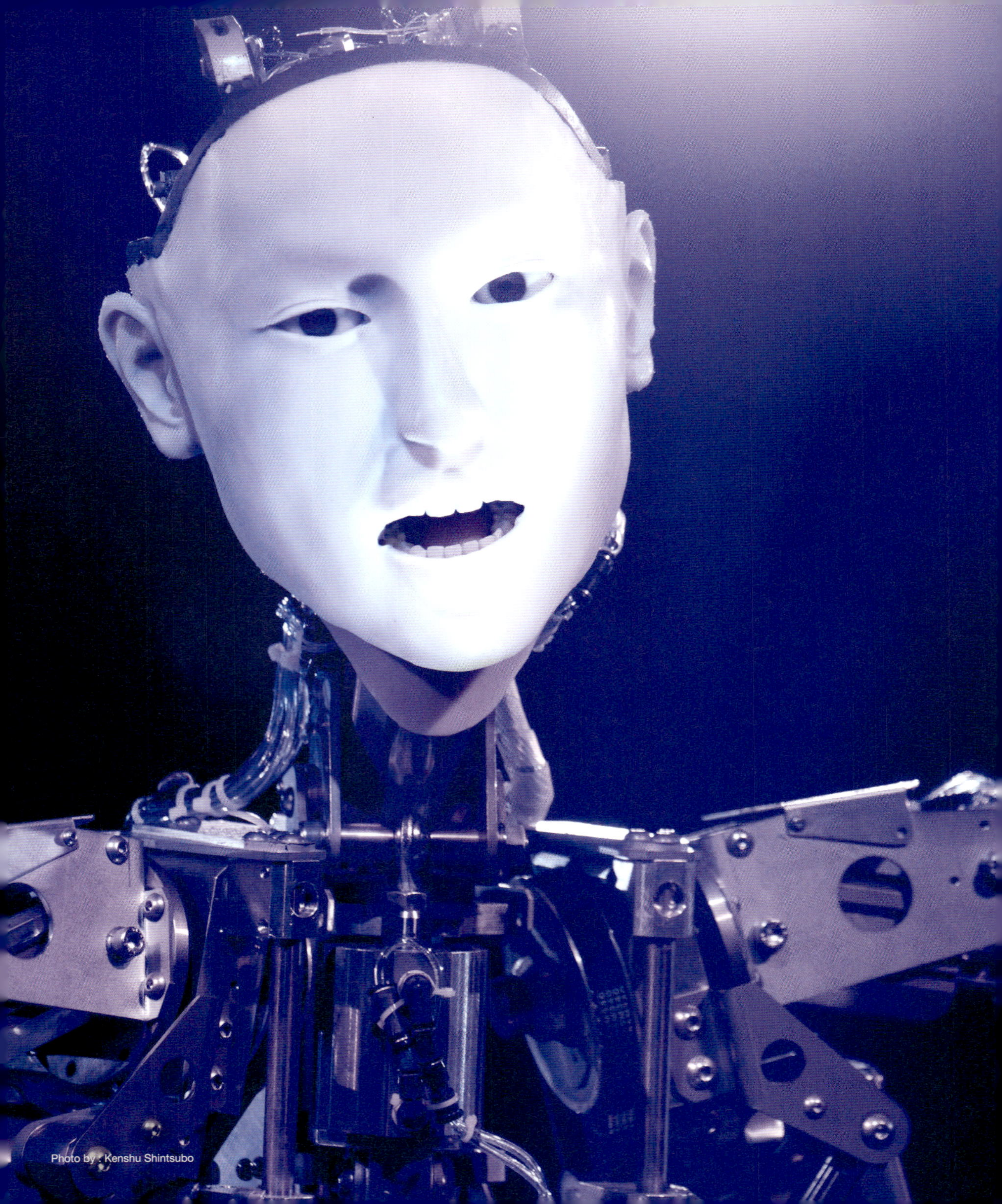

Photo by : Kenshu Shintsubo

異質な知能と生命のゆくえ

AI, ALIFE, ROBOT

「来るべきAI時代の働き方」「AIは人類の敵か」……などなど、「AI」とネットで検索すればいま無数の書籍や記事が出てくる。オックスフォード大学のAI研究者マイケル・A・オズボーンが提示した「(あと10〜20年で)なくなる職業リスト」が人々の不安を募らせ、数年前まで多くの人が懐疑的だったアメリカの発明家レイ・カーツワイルのシンギュラリティ論※も、2016年にGoogleの囲碁AI『AlphaGo』が世界最強棋士に勝つといよいよ現実味を帯び始めた。そう簡単に人間の能力を超えるはずがないとAI全能説に懐疑的な研究者も多いが、どこもかしこもAI時代のサバイブ術を身に付けようと躍起になっていることは確かだ。

AIと人間を分かつ境界としてよく話題に上るのが、人間の「創造性(クリエイティビティ)」であり、「人の手を介さないクリエイションは可能か」という問いだ。元々作者の意図や制御から逸脱するハプニングや表現行為における挑戦は、フルクサスやジャクソン・ポロック、またジョン・ケージによる偶然性の導入などを筆頭に様々な歴史があるが、“学習するAI”の繰りだす結果に新たな興味が集まっている。様々なタイプのドローイングマシンを発表してきた菅野創とやんツーは、人間の筆記を学習したマシンが“文字のようなもの”を書きだす作品《形骸化する文字》を制作した。ロボットアームが一字ずつ文字をしたためる様子には愛らしさすらあるが、またそれをアート作品として鑑賞する私たちに、人間の「創作」や「鑑賞」という行為の本質を問いかけてくる。一方、AIと人の共創をテーマに研究開発を行うQosmoの徳井直生は、DJのプレイや選曲を学習させたAIと“Back to Backする(選曲のかけ合い)”プロジェクト《AI DJ》を2015年から主宰する。そこでは、AIプレイの「適切さ」を問うよりも、人間のDJからは予測しえない「ズレ」を繰りだすことに面白さがあるという。AIだからこそ見出せる新たな選択肢を受け入れる土壌の開拓が、DJ的なサンプリングカルチャーの中でこそ露わになる瞬間があるのだ。その上で、『WIRED』初代編集長ケヴィン・ケリーが提唱した「Alian Intelligence(異質な知能)」について考えてみたい。

「Alien(異星人)」という表現には、AIが人間よりすごいかどうかを問うより、人間の思考がまるで及ばない全く異なる思考・能力を持つという意味が込められている。似た志向性として、Intelligence(知能)を超え、より大きな概念としてのLife(生命)を志向するALife(人工生命)の研究も近年再活発化している。ALifeを日本でリードする研究者の池上高志は、コンピュータやロボットから人工的に生命をつくる(または、生命とみなす)試みを通して、生命の定義を更新する、またはもっと多様な生命のあり方を訴える。この先、ロボットやAIの特異性を人間目線で判断するのではなく、クマやミドリムシのような生命の新種として捉え、共生していくとき、どんな創造が生まれてくるだろうか?　誰かの唱えた未来予測に一喜一憂するよりも、“新たな生命”と遊ぶ未来をイメージしてみてはどうだろうか。

—

※ シンギュラリティ
2045年には、コンピュータの演算能力が一般的な人間の脳の100億倍になり、人間の想像しえない技術的特異点に到達すると説いた。

石黒浩+池上高志《オルタ2》
—渋谷慶一郎アンドロイドオペラ『Scary Beauty』より

アンドロイドが奏でる生命の息吹

自身の顔に酷似したアンドロイドで世界的に知られるロボット研究者の石黒浩と、人工生命の可能性を社会に拡張するALife研究者の池上高志の共同研究により開発されたAI搭載のアンドロイド。42本の空気圧アクチュエータで構成された体と、年齢・性別が不明な「誰でもない」顔を持ち、その運動は周期的な信号生成器と、ニューラルネットワーク※、そしてオルタの周囲に設置したセンサーによって制御され、なめらかでカオティックな身ぶりを見せる。音楽家・渋谷慶一郎の手がけたオペラ『Scary Beauty』では、30名のオーケストラを指揮し、それを伴奏に自らも歌う奏者として登場した。奇しくもロボットに指揮される人間という構造を示唆しながらも、舞台上でライトを浴びて懸命にふるまうその姿には、機械に生命性を感じさせるとともに、不可思議な感情が立ち上る新たな体験がもたらされた。

—

※ 人間の脳の神経回路のしくみを模したモデル

徳井直生+Qosmo《AI DJ》

AIと人間のBack to Back

真鍋大度と徳井直生で始動した人工知能イベント「2045」から派生し、AIにDJを学習させ、人間のDJ（徳井）と1曲ずつ選曲し合いながらフロアを盛り上げていく音楽プロジェクト。AIは曲のピッチやボリュームなどの特徴量を学習し、「曲を聞いた時の印象」を定量化することで、DJのグルーヴを壊さないプレイを学び続ける。デジタル音源ではいくらでも操作できそうなところ、ステージにAI役のロボットを立たせ、あえてアナログのレコードとPC制御のターンテーブルでプレイすることで、「DJ AI」の存在感を際立たせている。

菅野創+やんツー《形骸化する言語》

世界各国の「文字」が再構築される

「文字」の文化に着目し、AIに様々な手書き文字の形状とパターンを学習させることで、意味を持たない「文字（のように見える線）」が生成されていく作品。国際芸術祭「あいちトリエンナーレ2016」で発表された本作は、10カ国の参加作家から手書きのアーティストステイトメントや作品解説を収集し、一言語につき一人の筆記者から手書き文字を学習させることで、AIはそれぞれの文字体系の形状に加え、筆記者の手癖をも学び取り、プロッターに乗り移っていく。一人ひとりの癖を学習した線は、妙な人間味を想起させる。

VR/AR, SOUND

リアリティはどこまで拡張できるか

VR/ARブームが再燃して早数年、HMD（ヘッドマウント・ディスプレイ）などの高解像度・高機能的進化、価格低下と開発環境のオープン化にともない、ゲームや映像からアミューズメントパークまで至るところで「〇〇VR」の文字を目にするようになった。映像技術の進化は日に日に加速し、「没入感」や「臨場感」はもっぱら先端表現のトレンドワードだ。しかし、果たして360度で映像が見えたり、まるでそこにいるかのような体験だけが、新しい「リアリティ」なのだろうか？

VR（ヴァーチャル・リアリティ）のブームは1980年代後半から1990年代初頭にかけても一度メディアを賑わせた。だが、その過渡期の1994年に出版された『クロニック世界全史』（講談社、樺山紘一）には、既に批評的な問いが提示されている。「VRで重要なのは、いまの現実の延長線上にもう一つ未知の新しい現実が広がるということではない。そのようなレベルでは、小説も映像も音楽も、つねにある種のVRを求めてきたと言えよう。（中略）VRがもつラディカルな現状変革の可能性は、まず、ルネサンス以来続いてきた遠近法的な知覚を具体的・日常的なレベルで終焉させることである」。つまり、臨場感を演出するだけなら何もVRでなくてもできるはずで、この時代にこそ生まれうる真のニューリアリティを探求すべきだという主張だ。

その挑戦に挑む人々はいま様々な領域に存在する。サウンドアーティストのevalaは、精緻かつ豊かな音の多層の連鎖表現から何かが“視えてくる”ような、「音のVR」とも呼びうる聴覚体験を生みだしている。そもそも現実感（リアリティ）は人間の内部知覚から立ち上ってくるものだと考えれば、聴覚や触覚と別種の知覚とのコンビネーションを基軸とした世界把握から新たな身体体験を生みだすこともできるだろう。一方で、真っ向からVR映像に勝負した映画監督アレハンドロ・ゴンサレス・イニャリトゥの『Carne y Arena』は、本人が「映画の技法では絶対に表しえなかった、VRだけの体験」と語るインスタレーションだ。その強烈な6分半の作品は、映画・映像史を更新する重要作としてアカデミー特別業績賞を受賞した。また、VRやAR（拡張現実）的な演出はステージ表現でも増え続けている。ロンドン五輪の閉会式も手がけたステージデザイナーのエス・デヴリンは、U2やビヨンセ、カニエ・ウエストなどビッグアーティストたちと協業しながら、ステージに巨大なイリュージョンを生みだしてきた先駆者のひとりだ。今後はさらに生の「ライヴ体験」をどれだけ拡張できるかが演出サイドに問われてくるだろう。しかし、その「拡張」とは、テクノロジーの発展からだけではなく、外部・内部知覚を刺激する表現者たちの飽くなき探究の中から生まれてくるはずだ。

エス・デヴリン「U2 - Experience + Innocence Tour 2018」2018

物理法則に逆らい、空間を無限に拡張していく
イギリスを代表するステージデザイナーであり、ライヴステージをはじめ、オペラやシェイクスピアの舞台作品を拡張してきたエス・デヴリン。ステージを観客と巨大な幻影を共有する「儀式」と見立て、空間がまるで無限に拡がるような体験をもたらす。長年の信頼を得ているU2のライヴでは、観客に事前にダウンロードしてもらったアプリを用いて、ステージに突如巨大な氷山が出現し、その溶けだした水が観客席まで流れ込んできた後に、ボノのアバターがステージ上を覆い尽くすダイナミックなAR演出を披露した。

Photo: Ichiro Mishima

evala《Anechoic Sphere [Our Muse]》2017-

音から世界が視えてくる

サウンドアーティストevalaによる、音だけで構築された「耳で視るVR」と評されるサウンド・インスタレーション。体験者がひとりずつ、特殊な遮音パネルに囲われた鏡張りの小さな無響室に入ると、次第に室内のライトが消え、真っ暗闇の中で音が体全身をまさぐってくる。楽曲［Our Muse］では、沖縄の聖地・御嶽（うたき）やevalaのプライベート空間で録音されたサウンドをもとに、それらが複雑に、自然界にはない反射で響き合うことで、体験したこともない幻想世界へと誘う。そのとき、体験者の脳内にはまるで異次元の中にいるような様々なイメージが表出し、何かを“視ている”としか表現しえない現象が訪れる。空間をまるごと変容させる新たな作曲方法から生まれた「音楽」は、知覚を最大限まで拡張すると同時に、人間のもつプリミティブな感情にはたらきかけてくる。そのとき、音に共振する身体の内側から、新しい「リアル」が立ち上がるのだ。

VR/AR, SOUND

アレハンドロ・ゴンサレス・イニャリトゥ『Carne y Arena』2017

メキシコ移民のリアルを身体に記憶させるVR

『バベル』『21グラム』『レヴェナント 蘇えりし者』などで知られるメキシコ人映画監督の初のVR作品『Carne y Arena（肉と砂）』は、メキシコとアメリカの国境を越えようとする不法移民の現実を元としている。体験者は砂が敷かれた特別な体験ルームに通され、HMDでVR映像を観ながら部屋の中を歩いていく。すると、まるで自分が国境を警備する兵士やヘリコプターの音から逃げ惑う不法移民の一人となったような体験を覚えるという仕掛けだ。そこには、メキシコ人のイニャリトゥが強烈に訴えようとした、メキシコや中米諸国とアメリカの間で苦しむ人々の深刻な現実がある。なお、過去にもアカデミー賞を複数回受賞してきたイニャリトゥ監督だが、アカデミー特別業績賞の受賞者が出たのは1995年の『トイ・ストーリー』以来。

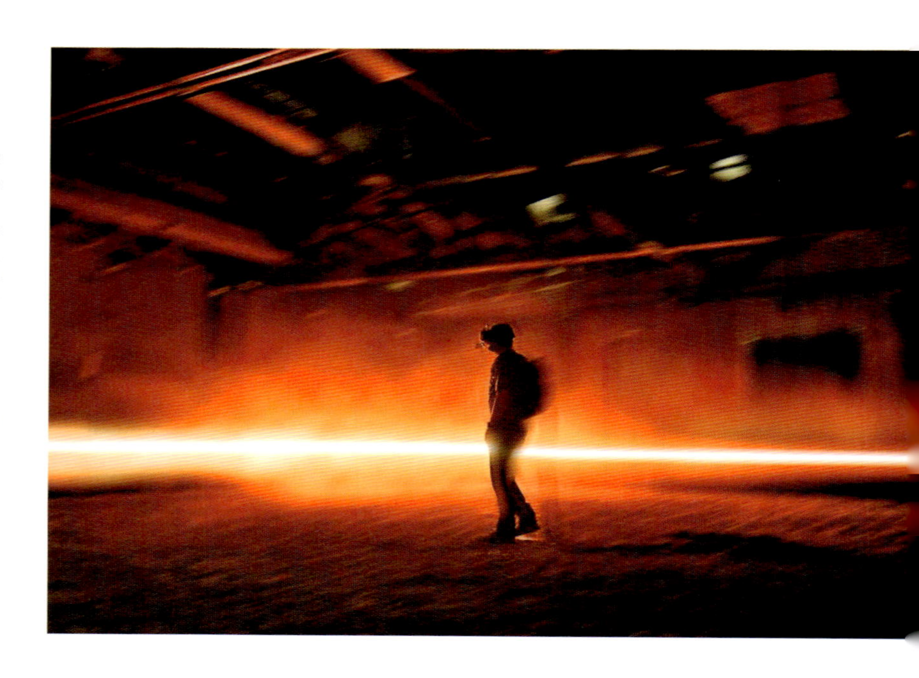

アルゴリズムから立ち上がる気配

NETWORK, PHENOMENON

インターネットが普及して早20年、いまや私たちはスマホを片手にどこにいても常時ネットワークに接続し、街を歩けば様々なIoTデバイスやセンサーシステムに囲まれている。その情報処理を行う無数のアルゴリズムは社会の隅々にまで浸透し、私たちの生活スタイルや感情、思考に深い影響を与えるようになってきた。監視カメラが世界の街角のいたるところに出現し、しかも各カメラ端末にはコンピュータチップが搭載され、ネットワーク化されるという未知の事態が到来している。AIの成熟とともにそのネットワークはさらに複雑さを増し、かつそれらが自律的なふるまいをし始めたとき、私たちの知覚や身体はどう影響し、どう変化していくだろうか?

この複雑なネットワークシステムやアルゴリズム上に漂う気配にいち早く呼応し、作品化していくアーティストがいる。その先駆者であった三上晴子は1984年から情報社会における都市/身体/情報戦争をテーマに作品を発表し、都市で繁殖する「情報の生態系」がダイレクトに私たちの身体に与える影響(たとえば知覚、感情、欲望など)をあらわにしてきた。90個ものマイクロ監視カメラ的デバイスを追尾するインスタレーション《欲望のコード》では、マシンの集合体とそれによる集合情報をまるで虫か細胞のような一種の生命体と捉え、強烈なアウラを放つ存在として構築した。アートユニットのexonemoは、インスタレーション作品《ゴットは、存在する。》において、コンピュータ本来の用途をハックし無効化させた上で、機械のふるまいに神秘性を感じてしまう構造を導きだした。同シリーズ内の作品《Rumor(噂)》は、Twitter上でエゴサーチした「ゴッド(=神)」の検索結果を「ゴット」に置き換え、実在しない「ゴット」をネット空間に事実上存在させている。これはフェイクニュースがはびこる現在、インターネット空間に情報が存在する限り、ある人にとってはそれが「真実」になる状況を先見的に示唆していたともいえるだろう。

一方、物理現象そのものから圧倒的な存在感を導く作品もある。Cod.Actの《Nyloïd》は、3本の巨大なナイロンバーとその頭部分に加速度センサーを感知して音を出すというミニマルな装置だけで、暴力的にうごめく「ビースト(獣)」をつくりだした。地面に固定されたエンジンが回転すると、巨大なバーがねじれ、からまり、その反発によってバーの頭から叩きつけられ、ぎゅうぎゅうと地鳴りのような声を上げる。その制御不能かつ野性味に溢れた動きを目にするとき、私たちは「生命の気配」を感じずにはいられなくなる。デジタル環境が発展し、自律的なネットワークが構築されるにつれて、そうした何ものかの「気配」はますます自明のものとなることだろう。

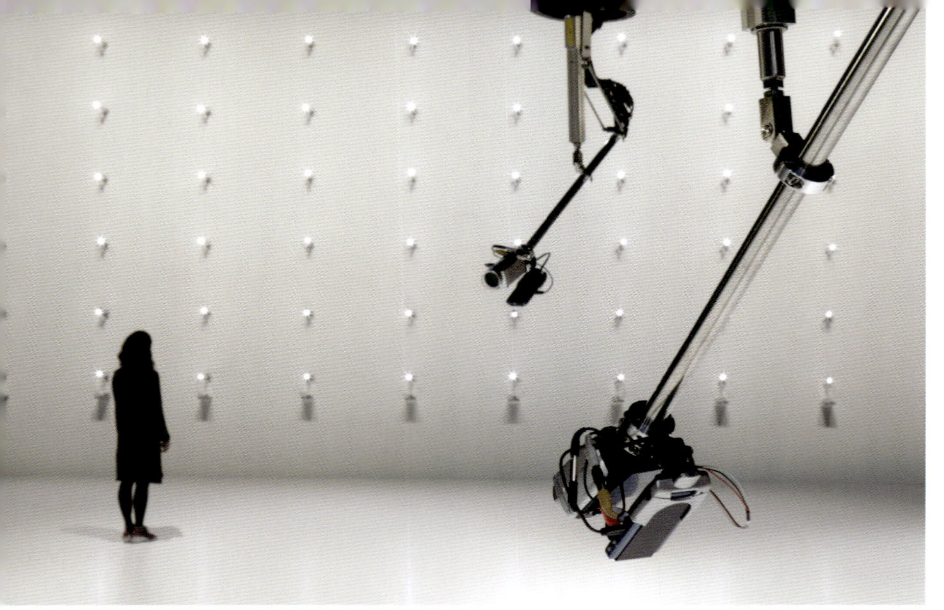

Photo: 丸尾隆一（YCAM） 写真提供: 山口情報芸術センター［YCAM］

三上晴子《欲望のコード》 2010-

情報社会で噴出する生の欲望

センサーと小型カメラを搭載した90個の監視カメラ風デバイスが巨大な壁面に設置されている。天井からはカメラとプロジェクターを搭載した6基のロボット・アームが吊られている。それぞれの装置は、まるで昆虫がうごめくように観客の位置や動きを察知し、「監視」を続けることで、セキュリティ・ネットワークがはりめぐらされた都市をメタ的に顕在化させている。会場奥には昆虫の複眼のような巨大な円形スクリーンがあり、小型カメラがとらえた映像が、生成的に変化する集合情報として世界各都市の公共空間にある監視カメラの映像とが複雑に混ざりあっていく。情報社会に生きる、わたしたちの新たな欲望とは何かをテーマとした作品。2010年、山口情報芸術センター［YCAM］の委嘱作品として発表された後、各都市を巡回。

NETWORK, PHENOMENON

exonemo 《ゴットは、存在する。》 2009-

コンピュータから神秘性をあぶりだす

英題は「Spiritual Computing」、コンピュータを介して自分を超える大いなる存在を感じさせる空間を構築したインスタレーション・シリーズ。光学式マウスを2つ接着させて「お祈り」の形をつくり、個々のマウスカーソルがゆらゆらと揺れ、コンピュータを円形に配列し「儀式的空間」を創出した《祈》、先述の《噂》などがある。コンピュータ本来の用途をハックし無効化させながら、そのふるまいに神秘性を感じてしまう構造を導きだした。作品発表から10年を経て、2018年には「ゴットを信じる会」が発足し、ネット上の情報や関係者の証言から10年前の《ゴットは、存在する。》を現代に復活させる展覧会が京都ARTZONEにて開催された。

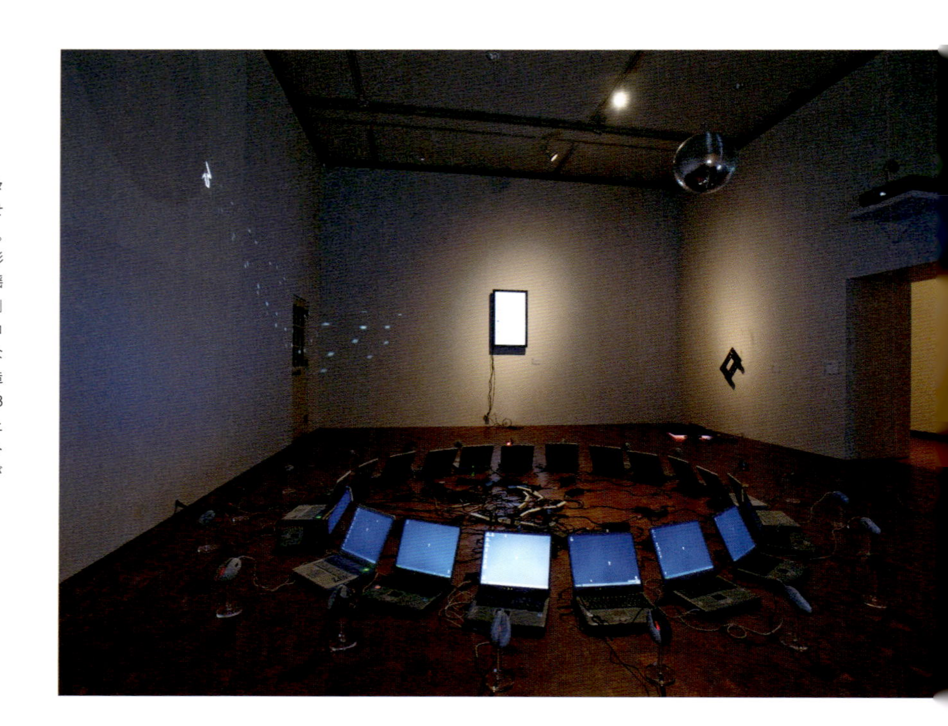

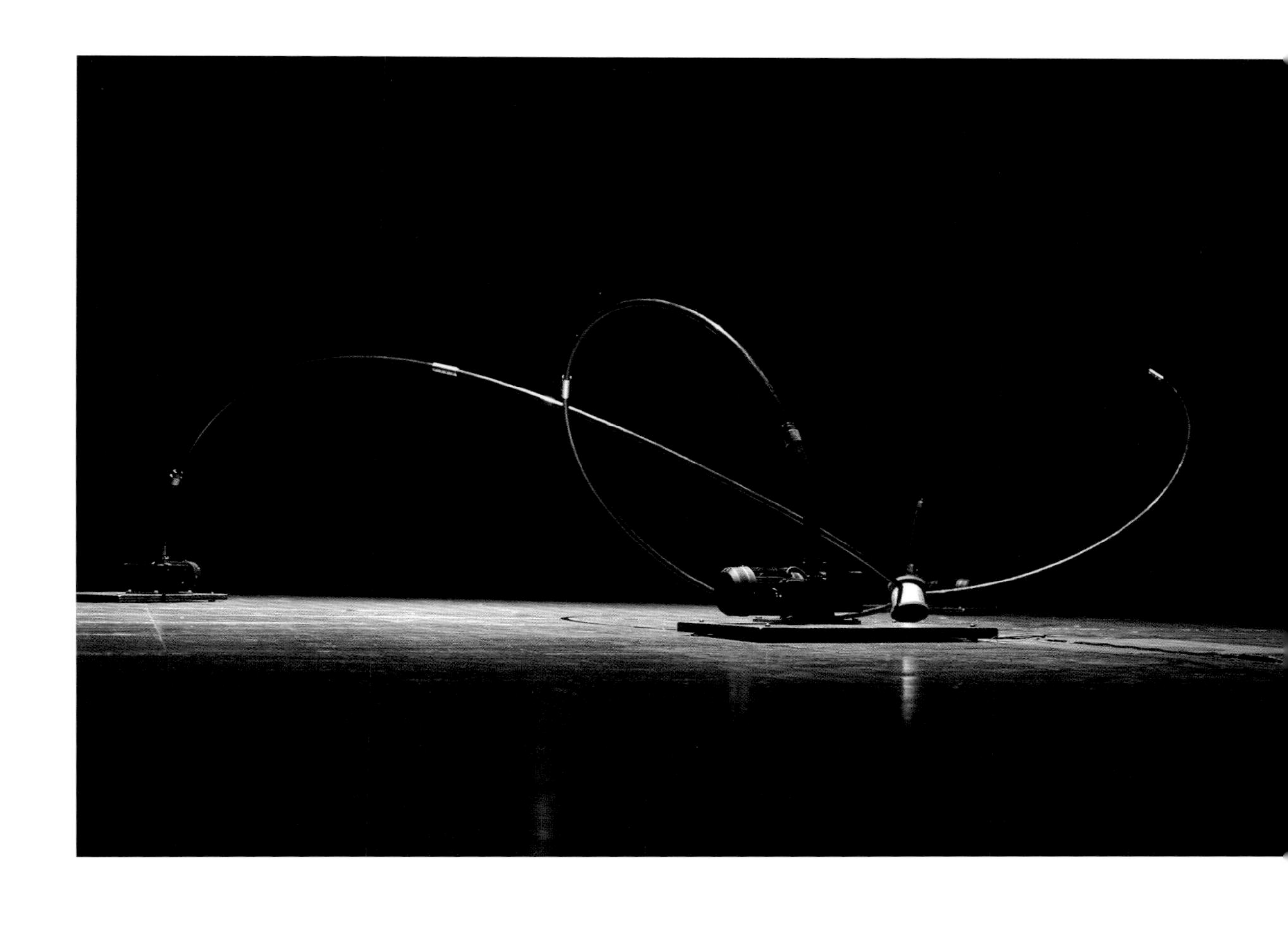

Cod.Act《Nyloïd》2013

シンプルな物理現象から生まれるビースト
巨大なキネティック・アートを得意とするスイスのアートユニットCod.Actの作品。長さ6メートルもある3本のナイロンのバーを、それぞれの足元にあるモーターで"ねじる"ことで、その反動からバーが暴力的に波打ち、ダイナミックな動きを見せるインスタレーション。3本のバーが組み合わさってねじられると、その反動で逆向きの力が分散し、時にはこんがらがって予測不可能な動きを繰り返す。またバーのヘッドに内蔵された加速度センサーが知覚し、サウンドが出力されることで唸りを轟かす「ビースト感」が増幅されていく。シンプルな要素で構成されていても、その要素間に複雑な関係性を持つものに、生命性を感じてしまうことを示した作品。

NETWORK, PHENOMENON

インタビュー：塚田有那
翻訳・構成：齋藤あきこ

ART+COM ユッシ・アンジェスレヴァに聞く、アートとテクノロジーの美しき関係

1988年の設立以来、アーティストやデザイナーと、
プログラマー、エンジニアらが集うクリエイション環境を築いてきた、
ベルリンのデザインスタジオART+COM。
アート作品から公共空間のインスタレーション、
ビジネス領域まで幅広く活動する彼らが、常にエレガントな作品を
生みだし続ける秘訣はどこにあるのか？
ディレクターのユッシ・アンジェスレヴァに尋ねた。

表現のクオリティへの飽くなき追求が、テクノロジーの可能性を拡張する

――まず、アートサイエンスの先駆者であるART+COMの一番の特徴は何だと思いますか。

ART+COMの根幹には、フィジカルなものとデジタル・スペースの融合への強いこだわりがあります。ヴァーチャル・テクノロジーはフィジカルな空間でこそ表現されるべきである。それが様々な制約や何かのチャンスを無視することになっても、私たちは常にフィジカルな空間でデザインするということを重要な要素としてきました。

――ウェブサイトを見ると、アート、コミュニケーション、リサーチという3つの部署がありますね。それぞれどう連携しているのでしょうか。

それにはちょっとした仕掛けがあるんです。ウェブサイトをつくったのはかなり昔なのですが、その頃から仕事の内容をわかりやすくするために、3種類のドアをつくりました。けれど、実はそれらはあくまで入り口であって、本来は同じ部屋に入るためのドアです。中に入れば、同じチームのメンバーが異なる領域で働いています。ART+COMのメンバーの誰もがアート、コミュニケーション、リサーチの領域において長けた能力を持っているので、どの領域に関わっていくのかということは、彼らのスキルや興味、またはそれまで働いてきた内容などに依拠しています。

――いくつものプロジェクトが同時並行で進んでいますが、実際、何人くらいが働いているのでしょう。

プロジェクトごとに異なるのでなかなか定義しにくいのですが、パートタイムのスタッフやフリーランスを含めて、実際に稼働しているのは大体50人から100人の間です。

――ART+COMの作品にはいつも、普遍的な美と精密さに魅了されます。しかし、数十人以上の集団で作品を仕上げるにあたって、あの精緻なクオリティはどう

《REFLECTIVE KINEMATRONIC II》2010
鏡を持った無数のハンドグリップが周期的に動き、太陽の光が鏡に当たって反射することで、空間内にたゆたう幻想的な光の軌跡を描きだすインスタレーション。

担保しているのでしょうか。

その質問に対して、まだ明らかなプランや戦略があるわけではありません。しかし私たちには長い歴史があり、それゆえに生まれる倫理感や、相互に理解のあるクライアントに即して言えば、同じゴールに向かって走ることができるのは確かです。もちろん、内部ではその都度の予算やスケジュールとバランスを取りながらベストの仕事を目指します。その上で、クオリティへの一貫した評価軸は崩さないこと、それが私たちの作品の核になるものですし、それらは自然とついてくるものです。

── クオリティについてもう少しお聞きします。ART+COMの作品でいつも驚かされるのは、大掛かりなマシンを使っているにもかかわらず、動作音がほとんどせず、その動作がとてもなめらかなことです。なぜ、あんなにも“機械っぽさ”がなくなるのでしょうか。

すべてのプロジェクトに当てはまることで

はないですが、表現のクオリティへの追求が、従来のテクノロジーの「こうあるべき」という“自然な”用途とは違った道筋へ誘ってくれることがあります。これは、かなり挑戦的な試みでもあります。

なぜなら、マシンの「ある効果」を生みだすために、相当のお金をハードウェアにつぎこんだり、色や明るさ、動きや音を変えるために何度もつくり直したりしなくてはならないからです。それらをすべて統合して、観る人の心を最大限に動かす美しさまで到達するのは並大抵のことではありません。

自分たちの能力の限界を知りつつ、なおかつ意図的になりすぎずに、「体験」に注力するのが最も主要な課題です。でも結果として、観る人はその作品がどれだけ速いのか、大きいのか、うるさいのか、または明るかったのかなんて気にも留めません。それほど自然な体験をつくりだすことがART+COMというエージェンシーのセンスや個性であり、わたしたちの想像力を広げるナラティブ（物語）だと思っています。

新しいテクノロジーが陥る「ハイプ」と「均質」の罠

—— テクノロジーのリサーチは、どのようにアート表現と結びついていると思いますか。

それはとても難しいことです。まず、私たちはグループとして働いているので、アート表現というのは、個人の中に閉ざされた内省的なものでなく、共有されたビジョンの表出であることが求められます。つまり、テクノロジーを柔軟に扱えることができれば、その分、新たな表現の可能性は広がりますが、アートの感性による意図こそが方向性を決定する指針となります。

しかし、アートのアイデアと、テクノロジカルな実装の境界線が厳密にあるわけではありません。個人のアイデアは、テクノロジーを扱う能力と共に拡がっていくものです。テクノロジーの限界を超えようとすることで生まれる表現があるとすれば、そこへ挑むモチベーションはさらに高まります。このアートとテクノロジーを行き交うプロセスが重要なんです。たくさんの頭脳を介してこの行き来が行われ、お互いをインスパイアすることによって、両者の間にある壁が次第になくなっていくんです。

—— 新たな技術が登場すると、みんな一瞬のうちに魅了され、すぐに世界中に広まります。しかしそれは同時に、テクノロジーのトレンドは常に古くなり、またどれも同じような表現になってしまう均質化を招く危険もはらんでいます。ART+COMが先端的なテクノロジーを使う際はどんな方針を持っていますか。

テクノロジーのメインストリームの中には、大きなハイプ〔実力以上に評価されているもの〕が存在します。ART+COMも先端的なテクノロジーを使う集団なので、流行りのカルチャーの一部、もしくは「ハイプなもの」と時折見られることもあります。しかし、そうしたハイプなものが、時代によっては“よく売れる”という経済的ポテンシャルについて、注意深く見なければなりません。なぜなら、ハイプなものは、新規のテクノロジーを売り物にしているので、過度に人々の期待を煽るんです。

私たちはテクノロジーを売っているのではありません。私たちは空間において、意味があり、エレガントなコミュニケーションをつくろうとしています。もちろん、テクノロジーの政治的な側面

©ART+COM Studios

《SYMPHONIE CINÉTIQUE — THE POETRY OF MOTION》2013
音楽と機械の動きとが、詩的な関係性を編むインスタレーション。天井に設置された鏡がゆるやかに動きだすと、音とその鏡から反射する光が重なり、幻想的なシンフォニーを奏でる。

はいつもその裏側にあります。いくつかのクライアントが、とうてい効果的には思えないテクノロジーを使うように要求してきたりね。

そんなとき、私たちはいつも長いタームの視点を持つようにしています。実際に作品をつくることでしか、与えられたテクノロジーから直感を得ることはできないんです。どうすればわかるかって？　まず最初は、小さいものからつくるといいでしょう。ぎこちなく、実験的で、“即座にできる、荒々しい”インスタレーション。そんなものを一度つくってしまえば、もっと野心的なことに挑戦できるし、その技術を使わないという選択をすることもできます。

また別の視点で言えば、あるコミュニケーションのために異なるテクノロジーを使うことと、アート表現を両立させようとしてプロジェクトが座礁することがあっても、違うアプローチから実験を繰り返すことで、また新たな側面に光を当てることもできます。そうした試行錯誤の連続から、テクノロジーの持つ特性やクオリティについて、さらなる直感を持つことができるんです。

―― かつてART+COMは、Google Earthをめぐって Googleに訴訟を起こしたこと※もありましたね。テクノロジーを用いるアートは、しばしば所有権が守られにくい問題があると思います。表現とテクノロジーの関係についてどう考えていますか。

色々なクライアントから、「XX社向けにつくった作品を、我々にもつくってほしい」という依頼が絶えず飛び込みます。そうした依頼の多くは、「オリジナルの作品」という要点を一切見失っているんです。作品におけるエレガンスさは、空間とストーリーとテクノロジーが一緒になって生みだされるもの。それが異なる空間に異なる文脈で置かれてしまうと、そのエレガンスさは一瞬で失われてしまいます。コピーライトや知的所有権という側面では、Googleとの紛争はもっと色々な例外があります。もっと正確に言えば、知的所有権に関わるものがすべて守られるべきという一般的な見解は、作品全体の権利を守るというレベルにおいては意味をなしません。

ただこの話には続きがあって、最近面白いことに気づいたんです。それは、ある特有の技術がいつの間にか異なる方法で使われだすと、それがすぐに新たなカルチャーの一

※ 2014年、ART+COMはGoogleの「Google Earth」のシステムが、1990年代半ばにART+COMが開発したプログラム「Terravision」に酷似しているとして、彼らの持つ特許「データに基づく空間描写の方法とデバイス」をもとに訴訟を起こした。しかし2年後、「Google Earth」は特許侵害に当たらないとの判決で決着が付いた。

《KINETIC RAIN》2012
シンガポールのチャンギ空港第1ターミナルに設置され、世界的な注目を集めた大型のキネティック・インスタレーション。タイトルどおり、まるで雨がふるように、雨粒がなめらかで有機的な動きを見せる。

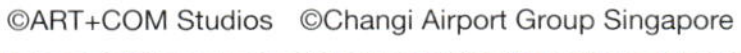

©ART+COM Studios ©Changi Airport Group Singapore

部になってしまうということです。つまり、何かの特許を持っていたとしても、それが何度も繰り返し異なる用法で使われだすと、元の権利が無効化してしまうという現象です。インターネットが有する記憶は常に短期的ですので、歴史上起きたことなんてどんどん忘れられていきます。元々の物事が、どれほど濃密に結びついていたかも失われてしまう。最も大きな成功は、集団の意識を残したままに技術を実装できるようになることですが、それを誰もができるようになった時が来れば、それはテクノロジーがポップ・カルチャーの一部になったと時といえるでしょう。

未来と過去を行き来する、
長期的なパースペクティヴ

―― メディアアートの保存についてお聞きします。ART+COMの作品は空港などのパブリックな空間で見ることができますが、常設にあたってメンテナンスなどはどう管理しているのですか。

私たちは1980年代から続くグループですので、内部で共有するメンテナンスへの哲学や、長期間のプロジェクトの計画は至って普通のことばかりですよ。ただ、どのプロジェクトにおいても、誰がいつ、どうやってシステムをメンテナンスするのかについてはとても慎重に取り組んでいます。ハードウェアの短命なサイクルや、対応するOSの問題は、長い作品生命において仇になります。そのメンテナンス性は、いまメディアアートにおいてホットトピックですよね。

―― 昨今、テクノロジー・アートは公共空間やステージ、観光地におけるポピュラーなエンタテイメントの一部になっています。アートとエンタメにおける境界をどう捉えていますか。

最近では、スピードとスケールの重要性がかなり大きな位置を占めるようになってきましたね。ただ、もちろんその問題は今に始まったことではありません。たとえば20世紀初頭のアバンギャルドな実験映画が、昨今の大衆

《PETALCLOUDS》2017
《KINETIC RAIN》に続いて、シンガポールのチャンギ空港第4ターミナルに設置された常設作品。空を雄大にめぐる雲を想起させる巨大なインスタレーション。

的な映画・映像カルチャーの多様さにつながりました。同じことがメディアアートにおいても起きています。しかし、それが問題だとは思いません。アート表現の探求が、テクニックや主題、大衆化すること、または産業的なクラフトに落とし込むことでインスパイアされることもよくあるからです。そもそも「エンタテイメント」は、根本的にそうしたアーティスティックな探求から生まれるものです。

私たちは幸運にも、アートとエンタテイメント両方の領域で作品をつくっています。時にはアーティストとしてコミッション・ワークを行い、時にはデザイナーとして空間に新たなストーリーのコミュニケーションをつむぎ、時には先端技術における技術と表現を探求しているんです。

――最後の質問です。あなたは教育者でもありますが、アートサイエンスを教えるにあたって最も重要なポイントは何でしょうか。また、あなたの仰るアートの「エレガンスさ」は、次世代にどう継承できるのでしょうか。

テクノロジーにおける腕試しをされる時、最近は自分が時代遅れだと感じるようにもなってきました。でもそれと同時に、長いタームでの展望を持つことや、いかにその時代のトレンドやアイデアが、異なる形、異なるチャンネルで繰り返し現れているのかを把握することには自信を持っています。

「深いパースペクティヴ（視野）」を持ちながら、「もう既に他の誰かがやっている」とうんざりしないこと。この2つの両立はすごく重要なことです。新しいテクノロジーをマスターして、ワクワクするような次世代の体験をしながらも、既に誰かが築いてきたコンテクストを、異なったやり方で、異なったテクノロジーで、かつ似通った意図で与えること。それは、私にとってどちらのバランスも取りながら前に進む綱渡りのようなものです。

アートのコンテクストにおいては、次世代が決まった型に制約されてはいけないし、ものをつくる「レシピ」があってはいけません。そのかわりに、自らが持つ内なる情熱を深め続け、ものごとを花開かせるために正しい方向に光を当てるということが大切なんです。

Photo: Reetta Ängeslevä

ユッシ・アンジェスレヴァ

1988年設立、1998年に株式会社化したデザインスタジオART+COMのクリエイティブディレクター。ART+COMはニュー・メディアを用いたインスタレーションや空間を設計・開発し、ビジネス、文化、研究などの分野において、世界中にクライアントをもつ。
https://artcom.de/

CHAPTER

めぐる対話

DIALOGUE FOR ART SCIENCE

これからの時代を生きる人々にとって、アートサイエンスは重要な武器になる。
では、アートサイエンスを教えることには、どんな意味があるのか。
アートサイエンスを学ぶ最高の環境とは何なのか。
新設された大阪芸術大学アートサイエンス学科にて、
新たな教育現場に立つクリエイターたちが語った未来のビジョンとは。

アートサイエンスの思考が未来をつくる

大阪芸術大学アートサイエンス学科
創設記念シンポジウム

執筆・構成：八木あゆみ（P. 056-069）
Photo：田頭真理子（P. 056-069）

武村泰宏
アートサイエンス学科 学科長
司会

村松亮太郎
ネイキッド代表
アートサイエンス学科 客員教授
登壇者

塚田有那
「Bound Baw」編集長
司会

萩田紀博
国際電気通信基礎技術研究所知能ロボティクス研究所所長
アートサイエンス学科 教授
登壇者

猪子寿之
チームラボ代表
アートサイエンス学科 客員教授
登壇者

2017年8月、大阪芸術大学アートサイエンス学科の開設を記念し、大阪・中之島でシンポジウムが開催された。この日、様々な領域を横断し、多彩に新たなフィールドを開拓していくパイオニアたちが世界各地から集結。アメリカ・ボストンからはMITメディアラボ副所長の石井裕、オーストリア・リンツからアルスエレクトロニカの芸術監督ゲルフリート・ストッカーがこの日のために来日したほか、チームラボの猪子寿之やネイキッドの村松亮太郎、ライゾマティクスの木村浩康・塚本浩文といった、まさにアートサイエンスの第一線を更新していくクリエイター陣、そしてロボット研究でも名高い萩田紀博などを交えた、1日限りの濃厚なシンポジウムとなった。彼らが語る、いまアートサイエンスに取り組む意義とは?

登壇者

石井裕

MIT（マサチューセッツ工科大学）メディアラボ副所長
アートサイエンス学科 客員教授

登壇者

ゲルフリート・ストッカー

アルスエレクトロニカ芸術監督
大阪芸術大学アートサイエンス学科 客員教授

登壇者

塚本裕文

ライゾマティクス プログラマー

登壇者

木村博康

ライゾマティクス アートディレクター

塚本英邦

大阪芸術大学 副学長

武村｜まずシンポジウムの始まりとして、登壇者の皆さまに活動や研究、制作における原点とは何かについてお聞きしたいと思います。

ストッカー｜私がアーティストになったきっかけはコンピュータミュージックです。しかし当時のコンピュータミュージックはスタジオにこもって黙々とラップトップに向かうしかありませんでした。そんなとき、インタラクティブアートのことを知り、「オーディエンスを巻き込む」という仕掛けにエキサイトしたのです。それは今日に続く、私の原点だったかもしれません。

木村｜僕は祖父が陶芸家で、よくお弟子さんが遊んでくれたんですけど、みんな美大出身なので絵がうまいんです。粘土をいじっているよりも、絵を描く方が楽しくて、美大に憧れてデザインと出会いました。それに、僕は超ゲーマーで。ゲームをつくりたいという思いからFlashを始め、プログラムベースで動くインタラクティブなデザインの面白さを知ったことが原点だと思います。僕のアイデアの起点も、創作の原動力も、だいたいゲームが発端です。

塚本｜僕は、小さい頃からものをつくるのが好きで。それを人に見せたときの喜んでくれる反応を見たかった、それが原点でしょうか。

村松｜そうですね…、僕にとっては、「リハビリ」でしょうか？　自分でも、どうしてこんなに創作を続けられるのか、未だによくわかっていないんです。わからないからこそ、その答えを探すためにつくり続ける。ずっと未完成なままの分、「つくるしかない」と自分を奮い立たせているのかもしれません。

石井｜研究者としての私の原点は「独創」です。世の中に、誰もまだ見たことも考えたこともない、そんな新しいアイデアを生みだし、具現化したい。過去のネタは使い回せない。しかしながら、どれだけたくさんのアイデアが出ても、その約8割は、すでに過去に誰かによって発明または発表されていて、捨てなければならない。ダイヤモンドが含まれている可能性のない原石を磨いていてもしょうがない。可能性があるアイデアに集中して、それを具現化することに全力をかけています。

重要なのは、テクノロジーや科学の発展において、技術中心ではなく、人間中心の視点を盛り込むことです

ゲルフリート・ストッカー GERFRIED STOCKER

アートは問題提起であり、デザインは問題解決。形は変わっても、どのように社会に伝わるかを常に考えています

木村浩康 HIROYASU KIMURA

アートとサイエンスの衝突から、独創的な問いを生みだす

塚田｜サイエンスとアートは全く別物であるにもかかわらず、それでも衝突することが重要だとすると、サイエンスとぶつかることでアートにはどんな拡張が起こり得るでしょうか。

石井｜アートの可能性は、どれだけ素晴らしく新しい「問い」を生みだせるかにかかっています。サイエンスは世界の原理を論理的に説明しますが、アートの意義は、新しい視座から、本質的な問いを発することであり、アートとサイエンスは、人間の知が前進するための両輪です。どんな問いを発したいのか、その問いに何の意義があるのか、なぜその問いに答えたいのか？ 新しい問いの背景にある独創的な視座が、量子飛躍の鍵だと思います。

塚田｜ありがとうございます。問いをつくることの重要性は、アルスエレクトロニカのストッカーさんも常々おっしゃられていますね。その「問い」は、どう社会に接続していけるのでしょうか。

ストッカー｜テクノロジーが発展し、私たちの生活にどんどん浸透していく中で、私たちはこれから、人間にとって、社会にとって重要な問いを投げかけていかなければならないと思います。これはアートの得意分野です。同時にその質問は科学者にとっても興味のあるものでなくてはならない。重要なのは、テクノロジーや科学の発展のプロセスにおいて、技術中心ではなく、人間中心の視点を盛り込むことだと思っています。

萩田｜アートサイエンスを学ぶ生徒をはじめ、これからの時代を生きる若い人は“スーパーフレキシビリティ”を持つべきです。何ごとにもワクワク感を持って、新しいものを取り入れていってほしいですね。そして、ダイバーシティも重要です。多様性を認め合い、様々な分野や人から学んでほしい。研究者もアーティストも、ありうる未来をつくるのは得意です。有識者はあるべき未来を議論し、できるだけ早く、多くの人の合意形成を得ながら、アーティストが社会の問題を解いていく。そういう未来のあり方を学生たちには教えていこうと思っています。そんな授業を最初から当たり前にやっていると、自然と今までの20世紀型の問題は解決していく、と思っています。

サイバー空間とリアルの両方を駆使していく、ダイナミックな発想を持てる人を教育したいと思っています

萩田紀博 NORIHIRO HAGITA

塚田｜クリエイターの皆さんにとってアートにおける重要な「問い」とは何でしょうか。

猪子｜大きくまとめると、「人間と世界の新たな関係性とは何か」でしょうか。もちろんその時々で細かな問いは変わります。あるときは都市と人間、または自然と人間性の関係に興味が湧いたりしますが、基本的には人間とは何かを知りたいんです。

木村｜よく言われることですが、アートは問題提起であり、デザインは問題解決なんですね。僕の仕事はデザインなので、問題解決の方。デザイナーとして、斬新なアイデアがどのように社会に伝わる形でアウトプットできるかという工夫は常に考えています。もちろん、その形は毎回変わっていくんですけど。

ひとつの肩書きにこだわるな

塚田｜アートやサイエンスの領域にとどまらず問いを生み出せる人間を育てていくには、萩田先生は教育者の視点からどのようにお考えですか。

萩田｜そのときどきの最先端を知り、自らつくりだしていける人間を育てることが大事だと思います。今の時代であれば、サイバー空間と現実のリアルの両方を駆使して、最先端の技術をアレンジし、新しいアートをつくっていく。そんなダイナミックな発想を持てる人を教育したいと思っています。

ストッカー｜今は、アーティストにとって非常にエキサイティングな時期になってきたと感じます。私たちアーティストのスキルや能力が新たな注目を浴びるようになり、貢献できるチャンスが増えてきたのです。一方で、最近はアートとサイエンスが接近してきたとも言われますが、まだまだアーティストが異分野に切り込むことのハードルは高い。これからの若いアーティストは、アートとサイエンスが交差するフロンティアで活動していくことを学ばなければいけません。

石井｜この壇上で、アーティスト、あるいはサイエンティストという言葉が頻繁に使われていますが、もしかしたらその「ラベル」自体が問題なんじゃないかと思います。なぜなら我々は、同時にアーティストにも、サイエンティストにもなれるし、そうなるべきだ

から。アーティストは、コンセプトを生みだすだけではなく、それを現実に実装する技術センスがなかったら生きていけない。またサイエンティストやエンジニアも、抽象度の高いコンセプト創出に貢献できるはず。決して、私はアーティストだとか、サイエンティストだとか、エンジニアだとか、会社の部長だとか考えないこと、そうした肩書きや帰属に頼らないことが重要です。いくつもの分野の異なる言語を流暢に使い、アート、デザイン、サイエンス、テクノロジーのすべての象限を自由に行き来することが本質です。リアルタイムでアイデアの多言語翻訳ができる、そんな知的なエンジンをつくり上げること、それが「アートサイエンス」のミッションではないでしょうか。

情報や知識を誰でも簡単に入手できる時代、つくり続けることが重要です

村松亮太郎 RYOTARO MURAMATSU

柔軟に変化していく大学教育

武村｜クリエイター側から見て、アートサイエンス分野の発展のために、大学などの高等教育が果たすべき役割をお伺いできればと思います。

塚本｜クリエイターとしては、先入観なくフラットに物事を考えられて、常にアンテナを張って情報を入手することと、自分の好みに偏らずに色々取り入れてみて、トライアンドエラーでやり続けることが重要だと思います。高等教育機関でも、学生たちが常に新しい物事を取り入れられる環境であってほしいですね。

猪子｜何かつくろうとしたとき、必要な環境や専門的な知識、個人では極めて入手が困難な機材や、専門的なサポートがあるといいですね。実際につくるプロセスを通して、専門的な知識も積み重なっていく場所になっていくんじゃないかと思います。ただサイエンスの状況はすごい勢いで変わっていくので、大学が何を提供するかということも、その時々で変わっていくでしょう。

村松｜若者の方が早くフレキシブルに変化していってしまうので、それに対応し続ける柔軟性を大学が持てるかが問題だと思います。情報や知識を手に入れることが誰でも簡単になっている時代ですから、本当に大学でしか得られないものを大学側が準備できているかが個人的には気になりますね。そしてつくり続けることが重要だと思うので、あまり座学的になりすぎず、インプットとアウトプットを混ぜながら学んでいければいいですね。

塚田｜つくり続ける環境は重要ですね。一方で、ただ手を動かしてものづくりをするだけではなく、新しい概念自体を生みだすことも重要だと思います。石井先生のいらっしゃるMITメディアラボが常に先進的な思考を送りだしている秘訣は、どんな点にあると思いますか。

石井｜例えばAdobeがつくったツールでいくらグラフィックデザインをしても、Adobeという"釈迦の手の上"からは出られません。既存ツールや表現媒体を極めることは大切ですが、我々はまず新しい表現メソッド、メディア、方法論を生みだし、それを使ってデザイン、コミュニケーション、アート表現をしています。自分の表現のために、まずは新しい"絵の具"や方法論からつくり始められるクリエイターを育てること、それがアートサイエンスの大学教育の大切な貢献だと思います。

サイエンスやテクノロジーの知識なしでは、アート表現そのものが不可能になってきている

猪子寿之 TOSHIYUKI INOKO

アートもサイエンスも駆使して、新たな「状況」をつくりだす

武村｜アートサイエンス学科はアートとサイエンス、ふたつの名詞がくっついています。そこで本日最後の命題として、アートサイエンスのフレームワーク（枠組み）をどのように考えているかをお聞かせください。

萩田｜石井先生がおっしゃるように、アートとサイエンスという定義を分けない方がうまくいくように思いました。例えば、昔はマイコンジャーやトランジスタラジオなんて言葉がありましたけど、その存在が当たり前になると、マイコンジャーは単なる「ジャー」に、トランジスタラジオは「ラジオ」になる。同じように「アート&サイエンス」という言葉も自然と、「アートサイエンスでしょ?」みたいになればいいですね。そのためには教師もそれなりの根性をもって続けないといけないし、生徒にも目利き力を持ってほしいです。

猪子｜アートサイエンスという言葉はなく、サイエンスはやっぱりサイエンスで、アートはやっぱりアートなんだと思うんです。ただ、サイエンスとかテクノロジーの知識なしでは、アートの表現そのものが不可能になってきているので、切っても切り離せない。つまりアートとサイエンス、テクノロジーは切り離せないし、逆にサイエンスもアート的なものと切り離せなくなっていて、その状況を人はアートサイエンスと呼んでいるのだと思います。

石井｜新しいフレームワークをつくるということは、ある意味で分類学や用語の辞書編纂を通して、言語の意味体系を定義することに似ています。でも新フレームワークと同等に大切なのは、それを説得力あるかたちで提示できる具体的事例です。いくら抽象度の高いフレームワークがあっても、わかりやすい具体的事例がなければ、ほとんど誰も理解できない。アートサイエンスは、新しい概念です。だから、アート、デザイン、サイエンス、テクノロジー、すべてを総合して初めて可能になる創造活動の具体性が求められています。魂の底から表現したいと思うアイデアがあるのか、それを表現する時、今ある絵の具で足りているのか。アートサイエンスがあって初めて可能となる"絵の具"や"ブラシ"から創造しようとする、情熱に溢れた表現者がたくさん育ってほしい。アートサイエンス学科がそういう若きクリエイターを育て、インスパイアする場となることを、期待しています。

新しい道具から想像しようとする、情熱に溢れた表現者がたくさん育ってほしい

石井裕 HIROSHI ISHII

アート、ロボティクス、クリエイティブ――各界の先駆者が語る

アートサイエンスを学ぶとは?

強烈な個性が衝突する熱きシンポジウムを終えた7人。大阪芸術大学アートサイエンス学科をはじめ、様々な場で教育的立場をとる彼らに、これからの時代にアートサイエンスを学ぶ意味を問いかけた。

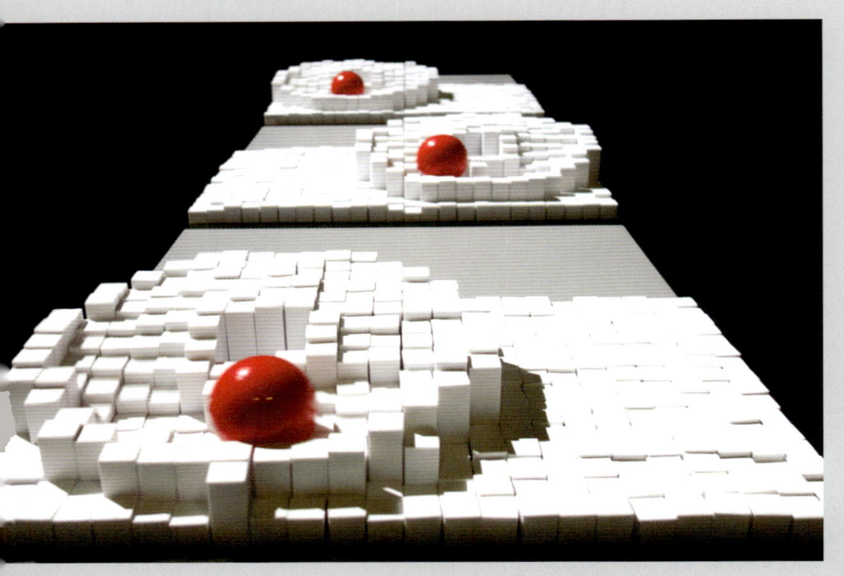

石井裕《Transform》
無形の情報に実体として触れるインターフェイス「タンジブル・ビット」の研究で知られる石井、2017年度よりアートサイエンス学科の客員教授に就任。

アートとサイエンスは、大きく違っているからこそおもしろい。創造的活動の中で、アーティストとサイエンティスト、デザイナーとエンジニア、それぞれ違う価値観と言語で思考し表現する人々は、必ず衝突します。すなわち、異なる視点がそこで衝突する。その衝突が「止揚」を起こす貴重な機会となる。それがアートサイエンスではないでしょうか。新しい問いを生みだすことで、今まで全く考えなかった新しい地平線を見せてくれるアート。世界の原理を観察とデータ分析、仮説と検証から論理的に説明するサイエンス。その両方の言語を流暢に喋り、この多次元空間を自由に行き来できる知性が、今求められているのだと思います。

HIROSHI ISHII
石井裕

多次元空間を自由に行き来できる知性が、今求められている

マサチューセッツ工科大学（MIT）メディアラボ副所長
1956年生まれ。日本電信電話公社（現NTT）、西ドイツのGMD研究所客員研究員、NTTヒューマンインターフェース研究所を経て、95年、MIT工科大学準教授に就任。2006年、国際学会 のCHI（コンピュータ・ヒューマン・インターフェース）より、長年にわたる功績と研究の世界的な影響力が評価されCHIアカデミーを受賞。大阪芸術大学アートサイエンス学科客員教授。

GERFRIED STOCKER
ゲルフリート・ストッカー

私にとってアートサイエンスとは、教育のツールであり、時代を理解し、新しい文化を形づくっていく上での最も重要な手段です。

テクノロジーの進化による生活の変化は、たくさんの利益をもたらしました。しかし、多くは産業と結びつき、消費を促すことで社会に浸透していくため、時にプライバシーや法律に関わる新たな問題を引き起こすこともあります。そのとき、テクノロジーを闇雲に受け入れるのではなく、それが私たち人間にどんな影響をもたらすのかを深く理解しなければなりません。

そのために、アートが必要なのです。テクノロジーがもたらす影響や本質を、エモーショナルな人間の視点に立って考えること、それがアートです。アートサイエンスの可能性は、まだ誰にもわからない未来を、みんなで創造していくことにあります。また、アートサイエンスの分野で学ぶ学生たちにとって、そこで培われる思考やノウハウは、将来どんな仕事についても活かせるようになると思いますよ。

誰にも わからない 未来を 共に 創造 していく

ゲルフリート・ストッカー「アルスエレクトロニカ2018」
毎年9月にその年のテーマを掲げて開催されるアルスエレクトロニカのフェスティバル。2018年のテーマは「エラー―不完全性のアート」。

アルスエレクトロニカ 芸術監督
グラーツ・テレコミュニケーション・エンジニアリング&エレクトロニクス研究所修了。1990年以降、アーティストとして活動し、1995年より現職。大阪芸術大学アートサイエンス学科客員教授。
https://www.aec.at/news/

teamLab《MORI Building DIGITAL ART MUSEUM: EPSON teamLab Borderless》
2018年、お台場に1万㎡もの世界に類を見ないまったく新しいミュージアムがオープン。
アートサイエンス学科はチームラボ主宰の体験型音楽祭や展覧会とコラボし、多数の学生が参加している。

チームラボ代表
1977年生まれ。2001年東京大学計数工学科卒業時にチームラボ設立。大阪芸術大学アートサイエンス学科客員教授。チームラボは、アートコレクティブであり、集団的創造によって、アート、サイエンス、テクノロジー、デザイン、そして自然界の交差点を模索している、学際的なウルトラテクノロジスト集団。アーティスト、プログラマ、エンジニア、CGアニメーター、数学者、建築家など、様々な分野のスペシャリストから構成されている。
http://www.teamlab.art/jp/

アートが世界の見え方を変え サイエンスが世界の見え方を広げる

TOSHIYUKI INOKO
猪子寿之

アートは世界の見え方を変えていく行為だと考えてます。例えば、雨を線として描くのは18〜19世紀に浮世絵師が始めたとされていて、それが世界中に広がり、それ以降の人々は、雨は線のように見えると捉えるようになった。そんな風にアーティストはこの世界を表現するにあたって「雨を線として描く」といった選択を行い、そうすることで世界の見え方を変えてきました。一方、複雑な情報から抽象的で汎用的な法則を見つけだすことにより、ひとつの解を証明するのがサイエンスです。様々な事象の法則を見つけだすことで、人は予測が可能になり、見える世界の範囲を拡張してきました。

歴史に名を残す人はたいてい社会制度を変えた革命家、あるいは科学者かアーティストです。それは社会制度の変革と同じくらい、サイエンスやアートが人類に及ぼす影響が大きいからなんです。

RYOTARO MURAMATSU
村松亮太郎

表現の選択肢が増える今こそ求められる普遍的な「ストーリー」

最近まで「アートサイエンス」という言葉には、目新しさがあったと思います。しかし今後、アート表現の中にサイエンス的な要素が組み込まれるのが当たり前になっていくにしたがって、そのことは話題にのぼらなくなり、作品自体がおもしろいのかどうかを問われる時代に入っていくでしょう。

僕自身はつくり手として「ストーリー」を最も重視しており、そのことはアートサイエンスが当たり前になった以降も変わりません。ストーリーは洞窟の中に描かれていた絵から始まった世界最古のエンタテイメント。表現手法はどんどん新しいものが登場しますが、ストーリーはずっと人を魅了してきました。先進的なことが取り沙汰されることの多い今こそ、普遍的なものの重要性はより増していくはずです。

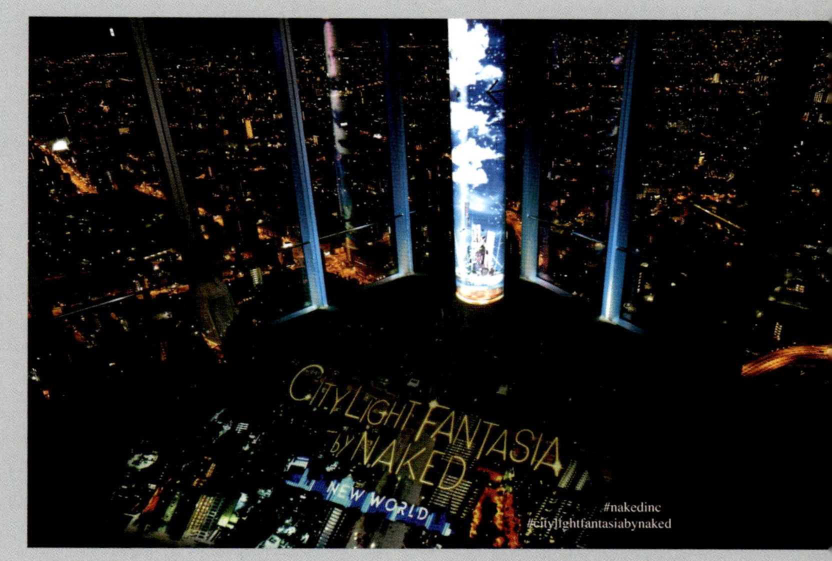

NAKED Inc.「0×0=∞ PROJECT」
大阪あべのハルカス展望台を舞台に、都市の大型プロジェクションマッピングを得意とするNAKEDとアートサイエンス学科の学生や高校生が共に企画・演出を行った。

NAKED Inc.代表
大阪芸術大学アートサイエンス学科客員教授。環境省が認定した日本一の星空の村「阿智村（あちむら）」阿智★昼神観光局のブランディングディレクター。TV／広告／MV／空間演出などジャンルを問わず活動。「FLOWERS by NAKED」など、体験型イベントの自社企画を数多く演出している。
http://naked-inc.com/

好奇心が
固定概念を壊し、多様性の
受容が大きな視野を養う

色々なことを知りたい、やってみたいと思う「好奇心」が小さいころから強くありました。好奇心のフィルターを通すことで、同じように見える事柄でも、今まで関連性がなかった事象を結びつけて考えたり、別の視点から見たりすることができるようになり、新しい発見につながります。言葉の定義や固定概念に囚われず、様々な方面へ可能性を広げる。それこそが、アートサイエンスの世界で今最も求められていることなんです。〈塚本裕文〉

例えば、ユーザーを退屈させないエンタテイメント性と、利用にストレスを感じさせないユーザービリティを常に進化させているゲームのインターフェース。僕はそうした日常で触れるものごとから多くの刺激を受け、自身のアウトプットに繋げています。アートサイエンスから何かを学び取りたいなら、まずはその多様性を受け入れ、たくさんの刺激に触れることです。そこで得た学びが、独りよがりではない、限界を超えた大きな視野で表現が考えられる人を育てるのだから。〈木村浩康〉

Prhythm ZERO
©rhizomatiks design / Super Appli

木村浩康（右）
ライゾマティクス アートディレクター／インターフェイス・デザイナー
東京造形大学卒業後、Webプロダクションを経てライゾマティクスに入社。最近の主な仕事にggg『グラフィックデザインの死角展』、ヴェルディ：オペラ『オテロ』宣伝美術、経済産業省『FIND 47』など。文化庁メディア芸術祭最優秀賞など多数受賞。

塚本裕文（左）
ライゾマティクス プログラマー
Webプロダクションを経てライゾマティクスに入社。フロントエンド領域を得意とする。
https://rhizomatiks.com/

HIROFUMI TSUKAMOTO+ HIROYASU KIMURA

塚本裕文+木村浩康

大阪芸術大学芸術学部
アートサイエンス学科教授
1954年秋田県生まれ。ロボティクス研究者。慶應義塾大学大学院工学研究科修了。国際電気通信基礎技術研究所（ATR）知能ロボティクス研究所所長として、人々の暮らしをロボット技術でサポートする研究開発を行う。同研究所が開発したロボットには、遠隔操作型アンドロイド『ジェミノイド』、抱き枕型通信メディア『ハグビー』などがある。

萩田紀博「ネットワークロボット」
ロボット工学を牽引してきた日本の第一人者である萩田。街角で案内をしたり、コンビニで商品を推薦したりするロボットなど、人間と機械の新たなコミュニケーションを探る。

NORIHIRO HAGITA 萩田紀博

サイバーとフィジカルが融合する時代にアートとサイエンスを横断できるか

医者からアーティストに至るまで、古代ギリシャにおいてその職能は「原理を理解した上でモノをつくる能力」という意味の「techne（テクネ）」という言葉で一括りにされていました。それが時代を経て、芸術を意味する「ars（アルス）＝art」と、技術・技法を意味する「technique（テクニーク）＝science & technology」に枝分かれた経緯があります。アートとサイエンスってもともとは同じものだったんですね。

今後、アートの舞台がサイバーフィジカル空間へ移り変わるに従い、リアルとネット両方の空間をうまく操れる人、アートとサイエンスの分野を横断できる人に対する需要が高まります。アートサイエンスを学ぶ学生には、ワクワク感とスーパーフレキシビリティ、そしてダイバーシティを常に保ちながら、そんな役割を担ってもらいたいですね。

CHAPTER 4

あなたにとってアートサイエンスとは？

アートサイエンスに、ひとつの定義はない。
それは社会の中で、または一人ひとりの心の中で、
常に新たな答えが見つかり続けるものでもある。
ルールを持たず、境界のないアートサイエンスの世界。
世界各地でその最前線に立つ人々に、
それぞれが抱くアートサイエンスへの想いを尋ねた。

WHAT IS ART SCIENCE FOR YOU?

バイオテクノロジーの知見に基づき、多様な性や家族のあり方を問うセンセーショナルな作品を発表する長谷川愛。《I Wanna Deliver a Dolphin…》は、人間がイルカの子を代理出産するというダイナミックなアイデアを提案したプロジェクト。突飛な話に見えるが、「将来、子供を産むか？　産まないか？」といった現代社会の女性の出産にまつわる問いに始まり、絶滅危惧種の保存や将来の世界的食糧不足問題なども見据えた思考実験チャートを作成。社会の潜在的な問題や倫理観に対して、ユニークな発想で議論を喚起し続けている。

01

アーティスト、デザイナー。バイオアートやスペキュラティブ・デザイン、デザイン・フィクションなどの手法によって、テクノロジーと人がかかわる問題にコンセプトを置いた作品が多い。IAMAS卒業後、渡英。2012年、英ロイヤル・カレッジ・オブ・アート(RCA)にてMA修士号取得。2014年から2016年秋までMIT Media Labにて研究員、MS修士号取得。2017年4月から東京大学 特任研究員。「(不)可能な子供/(im)possible baby」が第19回文化庁メディア芸術祭アート部門優秀賞。森美術館、アルスエレクトロニカなど、国内外で多数展示を重ねる。
http://aihasegawa.info/

ARTIST

正直私はまだアートサイエンスがよくわかりません。よくわからないまま興味の赴くまま、自分に必要なものを追求していたらいまに至っています。科学もアートも**既成概念を壊し、またつくりあげる。そんな新陳代謝を促し、普段の視点だけだと息苦しい日常から少し逸脱して自由になれる手助け**をしてくれる。アートだけだと空想的で地に足がついてないところに、サイエンスの現実に則したアプローチが結びつくと、単なる妄想に根っこが生えてきて、現実に接続されて具現化される、そんなイメージ。ふと思ったのですが、アートとサイエンスに更に3つ目を足すとしたら何だろうか? そこにもまた新たな可能性がありそうです。

《I Wanna Deliver a Dolphin… "Nature As Paradiseによる記念碑の破壊"》
Ai Hasegawa

AI HASEGAWA

長谷川愛

生物の営みと人間との協働作業などをテーマに、人工物と自然の境界線を探りだすAKI INOMATA。《Why Not Hand Over a "Shelter" to Hermit Crabs?》は、ヤドカリの殻をCTスキャンで計測したデータと、さらに世界各都市の3Dデータを組み合わせて3Dプリントし、実際に生きているヤドカリに殻を渡すというシリーズ作品。"やど"を引っ越しながら、自身の姿かたちを常に変えて生きるヤドカリの姿を人間社会に重ね、個人のアイデンティティや移民などの問題を想起させる。

02

ARTIST

AKI INOMATA

アーティスト。2008年東京藝術大学大学院先端芸術表現専攻修了。
生き物との協働作業によって現代アート作品の制作をおこなう。主な作品に、3Dプリンタを用いて都市をかたどったヤドカリの殻をつくり実際に引っ越しをさせる《やどかりに『やど』をわたしてみる》、飼い犬の毛と作家自身の髪でケープをつくってお互いが着用する《犬の毛を私がまとい、私の髪を犬がまとう》など。近年参加した主な展覧会に、「KENPOKU ART 2016 茨城県北芸術祭」、「ECO EXPANDED CITY」(WRO Art Center、ヴロツワフ、ポーランド、2016)、「エマージェンシーズ!025『Inter-Nature Communication』AKI INOMATA」(NTT インターコミュニケーション・センター[ICC]、東京、2015)。
http://www.aki-inomata.com/

ファミコン誕生と同時に生まれ、初期のマッキントッシュを小学校で触り、ポケベルを経由して携帯電話で恋愛し、インターネットの隆盛に並走してきた。テクノロジーは驚異的に進化し続け、驚くほど便利になっていく。だが、世の中に暗雲がたちこめているとしたら、何故だろうか。
私はアーティストとして、かき集められるだけの知恵を集め、いま、この状況を自分なりに紐解こうとする。学問分野の境界に足元をすくわれている場合ではない。自分の身体をもって、この世界を確かめていく。**テクノロジーは上手く使うことさえできれば、心強い味方だ。**必要なものは絶望と好奇心。ポジティブさとネガティブさを持ち合わせた知性と大いに議論を交わしていきたい。

《Why Not Hand Over a “Shelter” to Hermit Crabs?》
AKI INOMATA

人工物工学の研究を経て、1990年代からアートの世界へ転身した久保田。人工衛星を世界で初めて「アートの媒体」と見立てた《衛星芸術プロジェクト(ARTSAT)》を推進するほか、人が自然界に大きな影響を与える「人新世」に突入した現代を見据えた、アートとテクノロジーにまつわる様々な著書の執筆・監修にも携わる。近著に『メディア・アート原論 あなたは、いったい何を探し求めているのか?』『遙かなる他者のためのデザイン─久保田晃弘の思索と実装』など。
画像は物理仮説「超ひも理論」において、時空の余剰次元に相当すると予想される6次元を図示化したカラビヤウ多様体のイメージから。

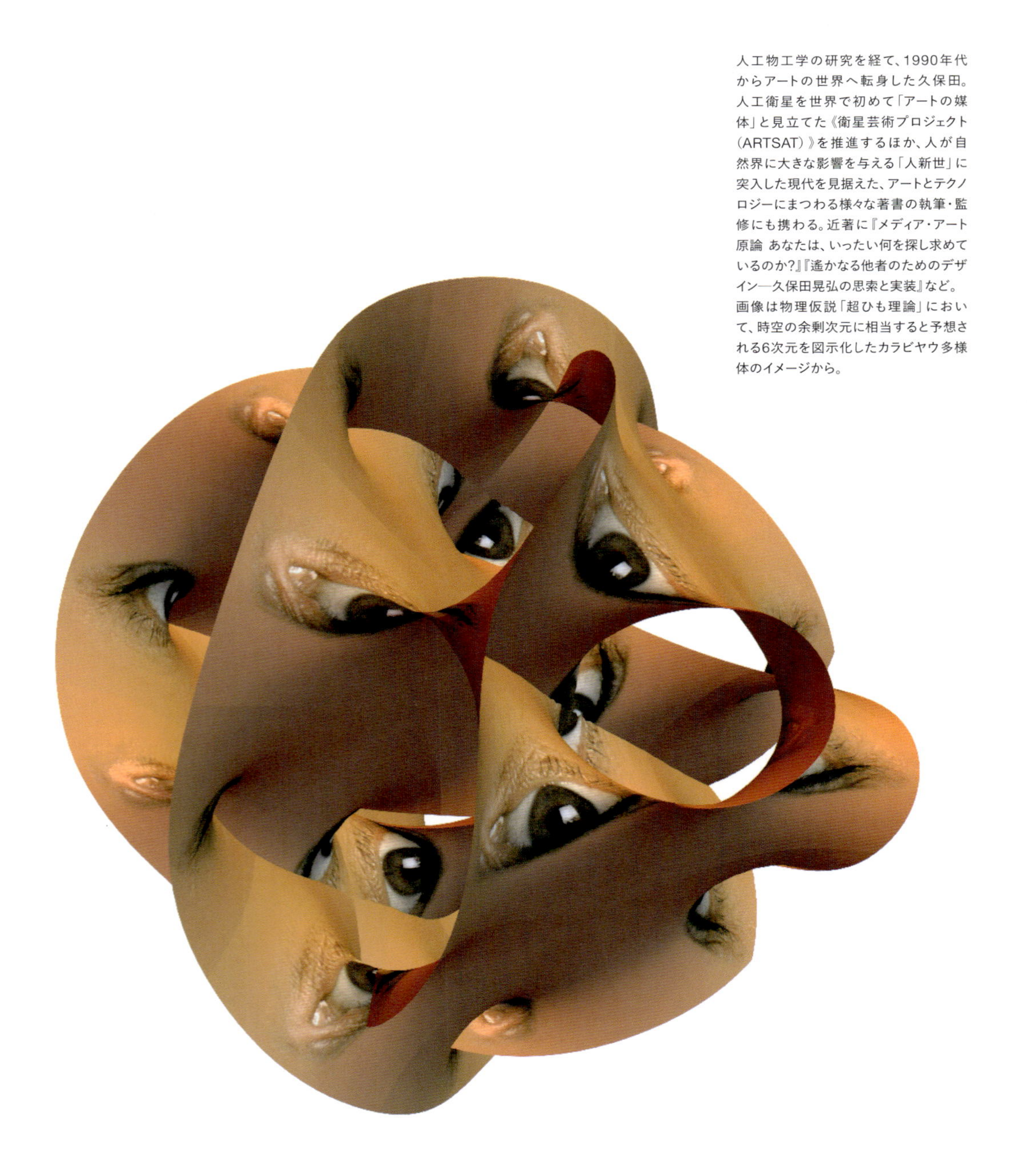

03

AKIHIRO KUBOTA

久保田晃弘

ARTIST, RESEARCHER

アーティスト、研究者、工学博士。多摩美術大学情報デザイン学科メディア芸術コース教授。衛星芸術（ARTSAT.JP）、バイオアート、ライブコーディングによるサウンドパフォーマンスなど、様々な領域を横断・結合するハイブリッドな創作の世界を開拓中。著書に『消えゆくコンピュータ』『ポスト・テクノ（ロジー）ミュージック』（共著）、監訳に『FORM+CODE』『ビジュアル・コンプレキシティ』『スペキュラティヴ・デザイン』『バイオアート』などがある。

アートはサイエンスでないからこそ、サイエンスはアートでないからこそ、互いに価値がある。サイエンスからは見えてこないこと、逆にアートからは見えてこないこと、それらを相互に指摘しあうことが、両者の妥協なき緊張関係を生み、その軋轢や齟齬の中から新しい何ものかが生まれる。アートサイエンスの目標は、アートとサイエンスの根本的な相違を確認し、そこを埋めることなく深く掘り下げていくことで、**最終的にはアートでもサイエンスでもないものに到達すること**にある。妥協や融合の誘惑に負けず、楽しさや面白さといった甘い言葉に惑わされず、正しさや美しさを超える何ものかや、人間や自然を超える思索を目指していってほしい。

カラビヤウ多様体

空気、音波、熱、流体など、自然界の物理情報を解析してビジュアライズし、目の前にありがならも意識されることのない、複雑で精妙な「流れの生態系」を描きだす脇田玲。写真はイスの周りを漂う「空気の流れ」をビジュアライズした作品《Furnished Fluid（家具付けられた流体）》のスケッチノート。20世紀を代表するデザイナーたちの名作チェアの周囲を流れる空気を可視化することで、20世紀工業デザインのコンピューテーションによる再解釈を試みた。

04

アーティスト、サイエンティスト。慶應義塾大学環境情報学部教授。博士（政策・メディア）。2014年からはSCI-Arcの東京プログラムでも教鞭をとりながら、アート、サイエンス、建築、デザインを横断する活動に従事している。特に近年は、流体力学や熱力学のモデルに基づく独自ソフトウェアを開発し、科学と美術を横断するビジュアライゼーションに注力している。2016年のアルスエレクトロニカ・フェスティバルでは、冨田勲氏を追悼する8K映像音響インスタレーション《Scalar Fields》を小室哲哉氏との共同作品として発表した。
http://akirawakita.com

ARTIST, SCIENTIST

私にとってアートサイエンスは、この世の中のあり様について自分なりに理解し、納得して死んでいくための営みです。科学が構築してきた客観的で即物的な世界像、公理、ノーテーションでは不十分です。過去の偉大なアーティストが提示してきた社会像や人間観でも納得できません。自らの手を動かし、自身の中の科学的知識と芸術的感性を駆使して作品をつくりあげることによってのみ、世界のあり様が少しずつ見えてくる気がします。そして**死ぬときに納得できればそれでよい**のです。

《Furnished Fluid》スケッチノート

AKIRA WAKITA

脇田玲

レーザーカッターや3Dプリンタなどのデジタルファブリケーション機材をカフェに併設したものづくりのプラットフォーム「FabCafe」や、日本で先駆けてバイオ活動をオープンに広めるコミュニティ「BioClub」を推進する林千晶。様々なプロジェクトを通して、人々に議論と実践を促す場を提供している。FabCafeではデジタルファブリケーションの国際アワード「YouFab」を過去6回主宰し、デジタルとフィジカルの連携から生まれる実験や作品を評価し、支援するコミュニティへと成長させている。アワードのトロフィーは現代美術家・名和晃平によるもの。

《Throne (Gold_2017)》2017, mixed media
Photo : Nobutada OMOTE | SANDWICH

05

理系文系という区分は、いつ生まれたのだろう。数学が得意か不得意かで二分してしまうとしたら、なんとも雑な区分けじゃないか。**学びの原点は「どうしてだろう」「どうなっているんだろう」という好奇心。そのワクワクに、ラベルも区分けもいらない。**そんな視点で眺めると、「アートサイエンス」が輝いて見えてくる。異分野ではなく、もともと隣り合わせにあったもの。哲学から宇宙まで、好奇心をエネルギーに、世の中で隠れている原理や真理を突き詰める力。そこから、未来を変える発見が生まれるに違いない。

「BioClub」ラボラトリー

CATALYST

早稲田大学商学部、ボストン大学大学院ジャーナリズム学科卒。花王を経て、2000年にロフトワークを起業。ウェブデザイン、ビジネスデザイン、コミュニティデザイン、空間デザインなど、手がけるプロジェクトは年間200件を超える。グローバルに展開するデジタルものづくりカフェ「FabCafe」、素材に向き合うクリエイティブ・ラウンジ「MTRL（マテリアル）」、クリエイターとの共創を促進するプラットフォーム「AWRD（アワード）」などを運営。
MITメディアラボ所長補佐、グッドデザイン賞審査委員、経済産業省 産業構造審議会 製造産業分科会委員も務める。森林再生とものづくりを通じて地域産業創出を目指す官民共同事業体「株式会社飛騨の森でクマは踊る」を岐阜県飛騨市に設立、代表取締役社長に就任。
https://loftwork.com/

CHIAKI HAYASHI

林 千晶

日本のメディアアート・シーンを牽引してきたライゾマティクスリサーチの真鍋大度は、ダンスカンパニーELEVENPLAYとのコラボレーションにより、近年はダンス表現の拡張に注力する。2017年にNTTコミュニケーション・センター[ICC]で発表したインスタレーション《distortion》では、鏡で覆われた5つの立体物が自走する空間に、歪みのない幾何学模様が投影される光と動きを演出し、ダンスパフォーマンスの新たな解釈を提示した。

06

アートとサイエンス。今はまだ発見されていない新しい関係性があるのかもしれない。ここ30年は同じような問題提起が続いていることをきちんと認識しつつ、新たな道を見つけたい。

真鍋大度メディアアーティスト、DJ、プログラマー。2006年、ライゾマティクス設立。2015年よりライゾマティクスのなかでもR&D的要素の強いプロジェクトを行うライゾマティクスリサーチを石橋素と共同主宰。プログラミングとインタラクションデザインを駆使して様々なジャンルのアーティストとコラボレーションプロジェクトを行う。
http://www.daito.ws/

《distortion》Daito Manabe

ARTIST

DAITO MANABE

真鍋大度

別名義カンディング・レイとしてもドイツの名門音楽レーベル・ラスターノートンに所属し、音楽とアートを行き来するダヴィッド・ルテリエ。カールステン・ニコライらとのコラボレーションを経て、バックグラウンドにある建築的思考を武器に、「動く形」としてのキネティック・サウンドアートに関する探究を続ける。《VERSUS》は黒い花を模した2台の彫刻が、互いの音をキャッチして自律的に会話をするインスタレーション。

07

ARTIST

DAVID LETELLIER

ダヴィッド ルテリエ

1978年フランス生まれ、ベルリン在住のアーティスト。フランスとドイツで建築を学ぶ。カンディング・レイの名でドイツの電子音響レーベル「ラスター・ノートン」に所属。カーステン・ニコライとの息の長いコラボレーションでも知られるルテリエは、オーディオビジュアル・パフォーマンスからサウンド・インスタレーションまで、様々な媒体で表現を行う。建築、アート、音楽にまたがる彼のアプローチは、「動く形（フォルム）」としてのサウンドに関する探究であるといえる。Némo（パリ）、MediaRuimte（ブリュッセル）、スコピトーン（ナント）などのヨーロッパのデジタル・アートフェスティバルで精力的に作品を発表している。
http://www.davidletellier.net/

アートとサイエンスは、私にとってはずっと昔から区別できないものでした。最近ではメディアアートがその一端を担うように思われていますが、古代ローマやエジプトの時代では、いつもサイエンスを基軸に芸術的な建築物が建てられていましたし、ルネサンス期のレオナルド・ダ・ヴィンチなどは、アーティストでありながら科学者でした。ですから、**アートとサイエンスは常に拮抗し合いながら、アップデートを続けていく**ものなのでしょう。

《VERSUS》David Letellier

斬新なCGアニメーションで一躍世界の注目を集め、今ではゲームクリエイターとして活躍するデヴィッド・オライリー。2017年にリリースしたインディ・ゲーム《Everything》は、プレイヤーが素粒子から、昆虫、動植物、タバコの吸い殻から銀河系まで、ありとあらゆるものに“憑依”していくゲーム。この世界に存在する万物の視点（環世界）から世界を見るという哲学的なテーマを掲げ、ゲームを新たな芸術表現メディアへとアップデートさせた傑作として評価を受け、国際的な賞を総嘗めにした。

08

DAVID OREILLY

デヴィッド オライリー

ARTIST

1985年、アイルランド生まれ。斬新なスタイルのCGアニメーション制作を続け、2009年、アニメーションの伝統であるネコとネズミの関係性を現代性豊かにアップデートした《プリーズ・セイ・サムシング》は世界各地のアニメーション映画祭で賞を総嘗めにする。スパイク・ジョーンズ監督『her』で主人公セオドアがプレイするゲーム画面をデザインしたことで更なる注目を集め、2015年に"山を眺め続ける"ゲーム作品《Mountain》を発表。その後、2017年4月にリリースされた《Everything》は絶大な評価を受け、20以上の賞を受賞している。

《Everything》David OReilly

僕は哲学やスピリチュアルな概念への興味もありますが、科学的なアプローチにも非常に興味があります。一切の主観を排除した超合理的な視点から世界を見つめてみたいという思いがあるんです。
ぼくが初めて世界の見方が変わるようなインスピレーションを受けたのは、人類学者・動物学者のデズモンド・モリスによる著作『Man Watching』でした。ここでは人間を動物の一種として観察したとき、ぼくたちがどう世界を認識し、それが生存とどう関連するかが綴られています。さらに影響を受けたのは神経科学者ヴィラヤヌル・S・ラマチャンドランの『脳の中の幽霊』。これは失ったはずの手足がまだそこにある感覚がするという「幻肢」について書かれた本ですね。脳の奇妙なからくりがとても腑に落ちました。サイエンスの知見から、世界の見方が変わるようなインスピレーションを得ることはたくさんあります。
アーティストのぼくにとって面白いのは、サイエンスが絶えず**自然の神秘から何らかの規則性やパターンを見出そうとする**こと。アートは神秘性を保とうとしますが、それでも最終的には真理を突き止めようとする。そのとき、サイエンスには手法があり、その手法から何らかの現象やパターンを抽出していきます。一方でアートは、言語では描写できないサムシングをつくりだします。いずれも真理を求める思いは同じです。**真理が何かなんて誰にもわかりません**が、それでも表現においてできるだけ主観や間違いが介在しないようにしたいとぼくは思います。

情報学研究者として研究や執筆を続け、多方面で活躍するドミニク・チェン。自身の会社ディヴィデュアルの共同創業者である遠藤拓己と共に開発した「TypeTrace」は、キーボードのタイピング行為をトレース（追跡）し、記録された文章を動画のように再生や早送りができるソフトウェア。過去には小説家 舞城王太郎が新作を執筆する様子をインスタレーションとして展示し、「書いている」という行為に潜む熱量や気配を浮かび上がらせた。近年は発酵現象と情報生成の相同に着目し、独自の「発酵メディア論」を展開。インターネット社会や人間の思考様式を発酵器になぞらえて、長期的な価値が熟成されていく過程を考察している。

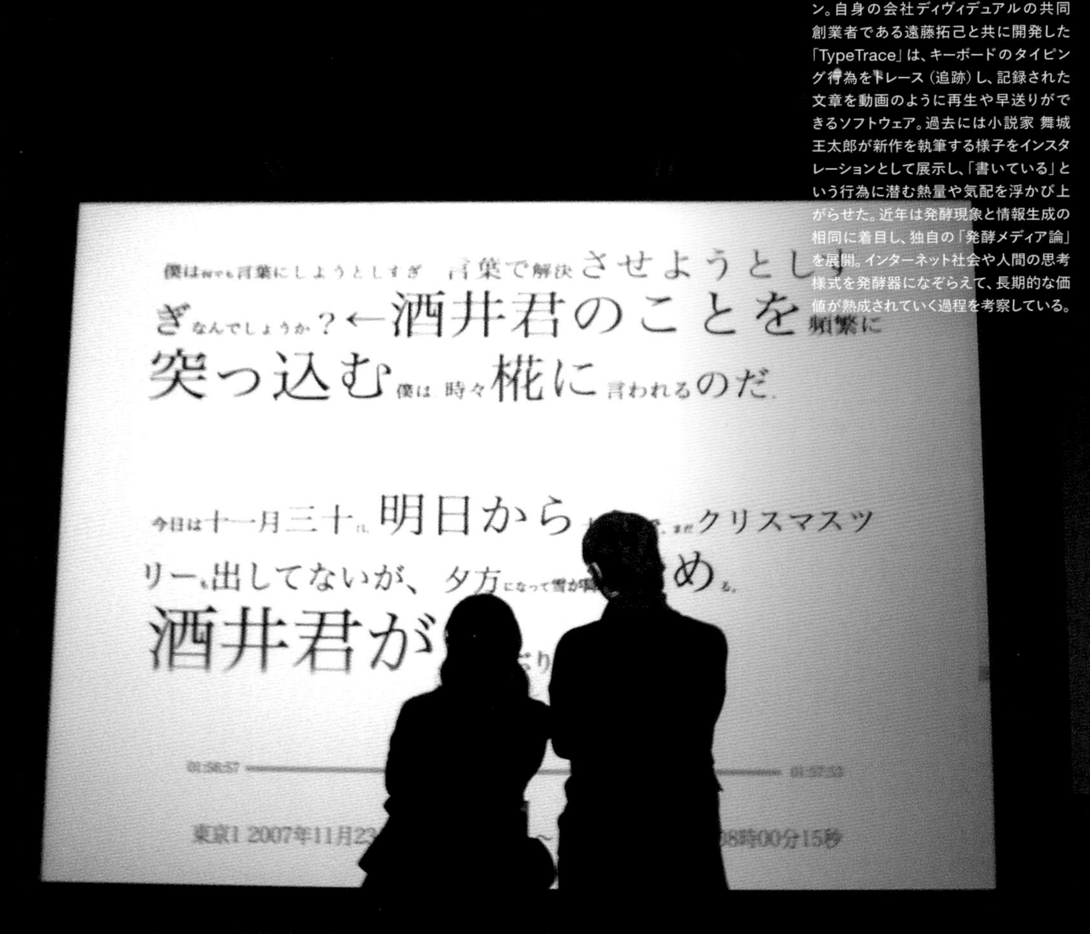

「うん・・や、はは。自惚れと
じゃないけど、そういう
判るっしょ？」
ん。判る。判らないのは、j_

01:57:53

#1 Han Long Dominique Chen 2017年11月

森田くんと糸島でいろいろ話したんですか
上さんの話をたくさんしました。健さん
め敵」の合宿を四郎さんの家でやった話とか、そ
なり池上さんがダイバースーツに着
て海に飛び込んだとか。

00:59.266 / 00:59.246

09

科学的な思考と情緒的な直感を矛盾するものではなく、相補的につかまえることがアート&サイエンスという考え方の価値だと考えています。どちらの能力も筋肉的に鍛えることが可能で、どちらが欠けても深く、面白いことはつくれないでしょう。
今日、情報技術は時間さえかければ理系文系の垣根は関係なく習得できるし、芸術表現の系譜も広大なアーカイブを深掘りできます。この状況の中で、いかに膨大な情報の海から自分だけの意味を抽出し、**いかに多くの表現を世界にぶつけられるか。**小さく失敗を積み重ね、自らの表現のエビデンスを構築していくことで、誰でも主観（アート）と客観（サイエンス）が融合する視点を獲得できる時代に生きているのだと思います。

RESEARCHER

ART × SCIENCE × ?

Photo: 荻原楽太郎

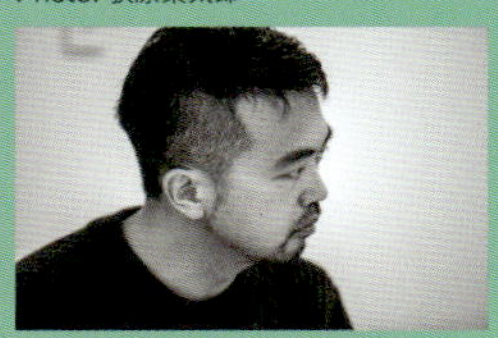

博士（学際情報学）、早稲田大学准教授。クリエイティブ・コモンズ・ジャパン理事、株式会社ディヴィデュアル共同創業者。IPA未踏IT人材育成プログラム・スーパークリエイター認定。2016、2017、2018年度グッドデザイン賞・審査員兼フォーカスイシューディレクター。近著に『謎床：思考が発酵する編集術』（晶文社、松岡正剛との共著）。訳書に『ウェルビーイングの設計論：人がよりよく生きるための情報技術』（ビー・エヌ・エヌ新社、渡邊淳司との共同監修）など。

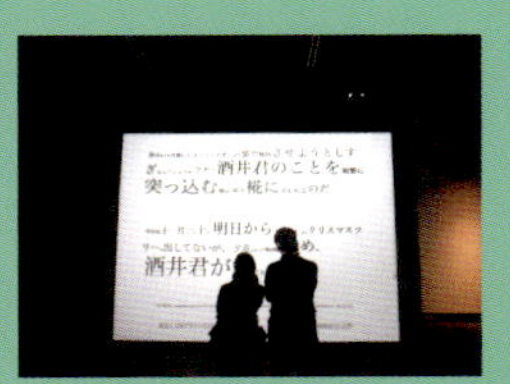

「TypeTrace」Dominique Chen + Takumi Endo

DOMINIQUE CHEN

ドミニク チェン

やくしまるえつこによる“人類滅亡後の音楽”をコンセプトにしたプロジェクト《わたしは人類》では、微生物のDNA塩基配列を元に作曲し、そのコードを更にDNA変換して再度微生物に組み込み、楽曲自体もポップミュージックとしてiTunesのトップを飾るという前代未聞の「遺伝子組換えアート」を実現。同作は2017年、アルスエレクトロニカ・STARTS PRIZEグランプリを受賞。金沢21世紀美術館で展示された『わたしは人類』（ver.金沢）は、ポップミュージック／バイオアートとして初めて同

10

バグを潰す、不要物を排除する、エラーを回避する。サイエンス・テクノロジーにおいて機能を発現しないものや機能の発現を邪魔するものは淘汰されるべきものである。簡潔なプログラムは美しい。しかし欠陥のようにおもわれるそれらが血管へと変異する可能性をわれわれは諦めきれない。**不確かなるものを共有する、アートサイエンスはしぶとい。**

アーティスト兼プロデューサーとして「相対性理論」など数々のプロジェクトを手がけ、ポップミュージックからアート、テクノロジーとあらゆる領域を自在に横断し続ける。人工衛星や生体データを駆使した作品、人工知能と自身の声による歌生成ロボット、独自のVRシステムやオリジナル楽器も制作。フィリップ・K・ディック賞受賞作家の円城塔は、やくしまるを指して「人力、世界シミュレーター」と表現している。
http://yakushimaruetsuko.com/

ARTIST

《わたしは人類》やくしまるえつこ

ETSUKO YAKUSHIMARU やくしまるえつこ

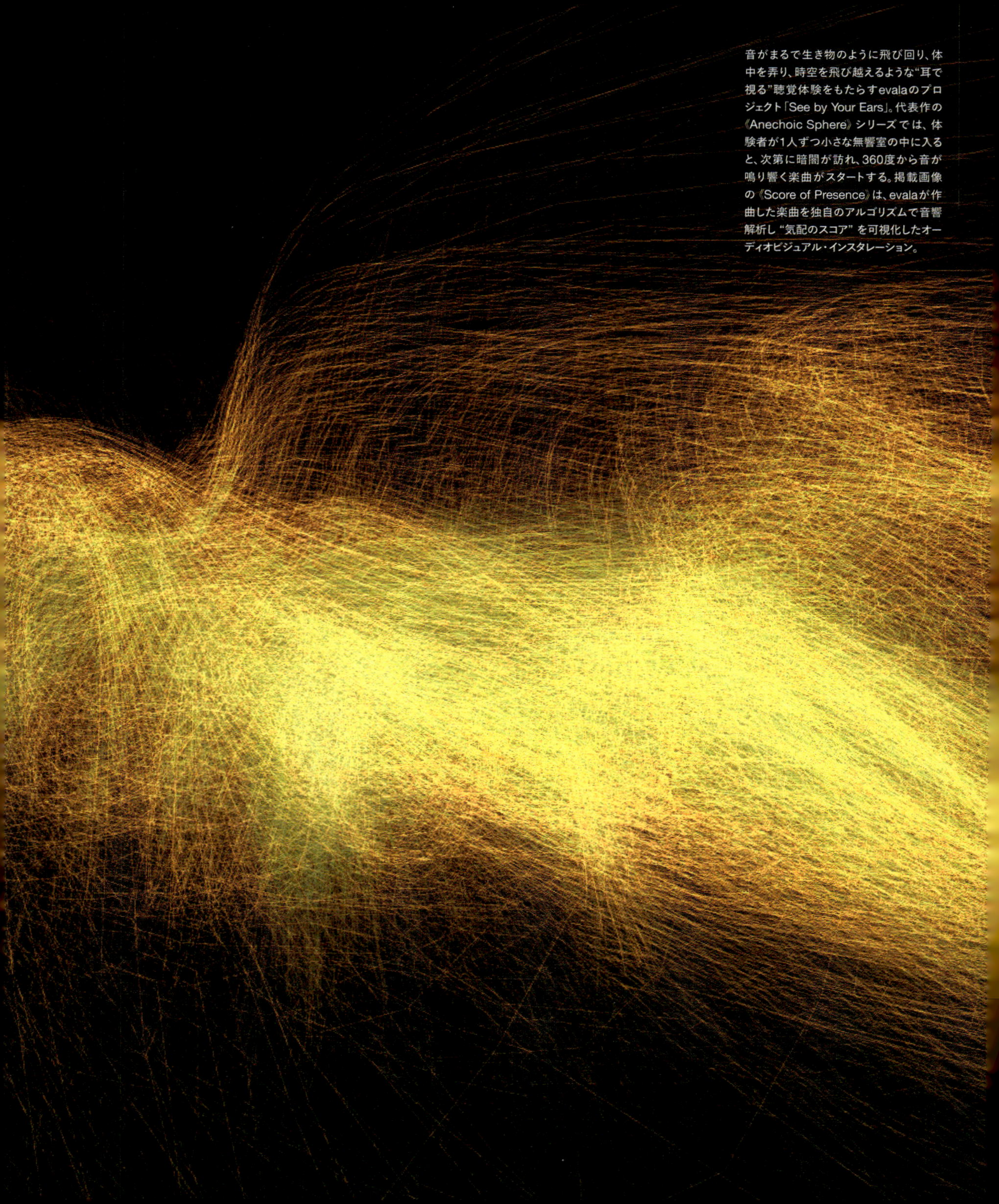

音がまるで生き物のように飛び回り、体中を弄り、時空を飛び越えるような“耳で視る”聴覚体験をもたらすevalaのプロジェクト「See by Your Ears」。代表作の《Anechoic Sphere》シリーズでは、体験者が1人ずつ小さな無響室の中に入ると、次第に暗闇が訪れ、360度から音が鳴り響く楽曲がスタートする。掲載画像の《Score of Presence》は、evalaが作曲した楽曲を独自のアルゴリズムで音響解析し“気配のスコア”を可視化したオーディオビジュアル・インスタレーション。

11

ぼくにとってのアートサイエンスとは、**不条理な数式**を追求し続けるようなもの。その先には、音楽家ルイジ・ノーノが語ったような、新しいユートピアがあると思う。

「人間の技術の変化の中で、新たにこれまでと異なる感情、異なる技術、異なる言語をつくりだすこと。それによって人生の別の可能性、別のユートピアを得ること」

（ルイジ・ノーノ）

先鋭的な電子音楽作品を発表し、国内外でインスタレーションやコンサートの上演を行う。代表作《大きな耳をもったキツネ》や《hearing things》では、暗闇の中で音が生き物のようにふるまう現象を構築し、「耳で視る」という新たな聴覚体験を創出。サウンドアートの歴史を更新する重要作として、各界から高い評価を得ている。また舞台、映画、公共空間において、先端テクノロジーを用いた多彩なサウンドプロデュースを手掛け、その作品はカンヌ国際広告祭や文化庁メディア芸術祭にて多数の受賞歴を持つ。
http://evala.jp/

ARTIST

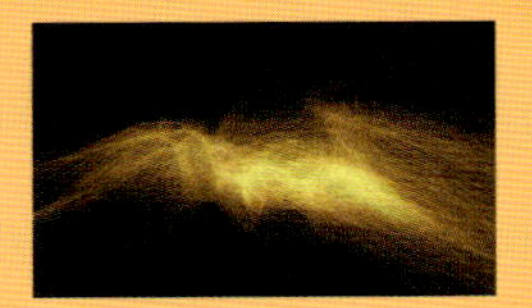

《Score of Presence》evala

EVALA

ミラノ市内には、アートサイエンスの大家レオナルド・ダ・ヴィンチ国立科学技術博物館がある。ダ・ヴィンチの科学者としての側面にフォーカスし、ダ・ヴィンチの発明品の模型や、科学技術の歴史を網羅した一大施設として名高い。また、館内のラボでは様々な研究者が集まり研究開発を行うほか、一般の人々も気軽に参加できるスペースを提供する。ダ・ヴィンチが成し遂げた芸術・科学・工学が融合していく思考や精神を幅広く伝承する場を築いている。

12

レオナルド・ダ・ヴィンチはアートサイエンスを体現した人物でした。そもそも、人間のあらゆる好奇心と学びにおいて、アートとサイエンスを分けるほうが不自然なことなのです。ダ・ヴィンチの時代からいまに至るまで築かれた**現在の知識体系は、長きにわたるアートとサイエンスの対話から生まれています。**

ミラノ大学にて政治経済学と財政学を修了。2001年よりレオナルド・ダ・ヴィンチ国立科学技術博物館の館長に就任。現在、ミラノ大学でコンテンポラリー博物館学の教授を務め、ほかの多くの大学においても様々な学士や修士コースなども教えている。ミュンヘンのドイツ博物館のクマトリアムのメンバーであり、イタリア文部省の科学文化普及委員会の運営委員を務め、様々な科学委員会にも所属している。文化寄与において、数多くの賞や勲章を授賞している。

CURATOR

レオナルド・ダ・ヴィンチ美術館にある復元模型

FIORENZO GALLI

フィオレンツォ ガッリ

アルスエレクトロニカFutureLabに所属する小川秀明。2012年に手がけた《Klangwolke ABC》は、リンツ市民と共に、それぞれがつくった「文字」を掲げてドナウ川沿いを練り歩く大規模な参加型アートプロジェクトだ。文字はラジオの周波数に反応する機能を備え、同時に文字の絵から生まれたプロジェクトのキャラクターが街のサイネージなどをハックした。大量の情報が行き交うネットワーク時代において、街と文字の再考を試みた。

Photo: Martin Hieslmair

13

クリエイティブ・カタリスト（触発を起こす人）。2007年にオーストリア・リンツに移住し、アルスエレクトロニカのアーティスト、キュレーター、リサーチャーとして活動。2009年にオープンした新Ars Electronica Centerの立ち上げ、企画展、イベントのディレクションをはじめとした国際プロジェクトを手がける一方で、アート、テクノロジー、社会を刺激する「触媒的」アートプロジェクトの制作、研究開発、企業・行政へのコンサルティングを数多く手がける。アーティスト・グループh.o（エイチドットオー）の主宰や、リンツ芸術大学で教鞭をとるなど、最先端テクノロジーと表現を結びつけ、その社会活用まで幅広く活動を展開している。
http://www.howeb.org/

CATALYST

僕は、アートは「対話」を生みだし、サイエンスは「知識」を生みだすものだと思います。そう考えると、アートサイエンスは、まだ未知の世界を理解し、その可能性や課題を学術的にではなく、社会や人間として議論するプロセスだと言えます。現在の不安定な社会状況や**テクノロジーの予測不能な発展の中で、あらためて「人間とは何か」を哲学するアートサイエンスの視点**が求められています。それは従来の学際複合モデルでなく、CERNの衝突型加速器のように異なる領域のクリエイティブな衝突によって見えてくるものではないでしょうか。

《Klangwolke ABC》h.o, Ars Electronica
上｜Photo: Martin Hieslmair
下｜Photo: rubra

HIDEAKI OGAWA

小川秀明

生物学者であり、バイオアートのプラットホーム研究機関metaPhorestを主宰する岩崎は、自らアーティストとしても美術館や芸術祭などで作品を発表。論文を切り絵にした《Culturing〈Paper〉cut》では、図表を意図的に残し、主観的な記述を切り抜いた箇所にシアノバクテリアを増殖させた。人為的な切り絵、科学的表層としての図、そして人間のエゴに巣食うように生物がつくりだすジェネラティブなパターンを共存させることで、科学論文の再解釈を試みている。

14

アーティスト、生命科学研究者。早稲田大学理工学術院電気・情報生命工学科教授。博士（理学）。生命を巡る言説・表現に強い関心を持ち、生命科学の研究室を運営しつつ生命に関心のあるアーティストやデザイナーが集う生命美学プラットホームmetaPhorestを2007年より主宰。著書に『〈生命〉とは何だろうか：表現する生物学、思考する芸術』（講談社、2013）、主なアート作品にaPrayer（人工細胞の慰霊，茨城県北芸術祭、2016）、Culturing〈Paper〉cut（ICCなど、2013）、Biogenic Timestamp（アルスエレクトロニカセンター、ICC、2013-）、metamorphosisシリーズ（ハバナビエンナーレ、オランダペーパービエンナーレなど）。バクテリアの生物時計の遺伝子群同定、試験管内再構成、形態形成などの研究で文部科学大臣表彰、日本ゲノム微生物学会奨励賞、日本時間生物学会奨励賞など。「細胞を創る」研究会会長（2016年）。
（Photo: 新津保建秀）

SCIENTIST

アートとサイエンスは、ともに「世界をどう認識し、脳内変換し、表現するか」という点では共通しているだろう。たとえば、「書き手と読み手の理解が完全に一致する」という理想を掲げる、極端な表現行為としてサイエンスを位置づけると、少し見通しがよくなったりする。

しかし、サイエンスでは疑似問題とされてしまうようなことであっても、重大な人文的・芸術的命題は明らかに存在する。科学論文の記述様式では無限にこぼれおちるなにかを別の手法で捉えようとすることも同時に求められねばならない。だが、**安易な「サイエンスとアートの融合」には距離を置きたい。**融合とは、しばしばベン図で描く2つの円の僅かな共通部分に留まることに過ぎない。しかし、共有されているかどうかわからない領域が両脇に広大に広がっているからこそ、その境界に直面する価値があるはずだ。

科学と芸術ののっぴきならない境界に居ることは、決して居心地がいいことではないし、輝かしい未来を先取りすることでもない。それでも、リアルタイムに変化し続ける、**その不明瞭な境界線の上に立って、足場を双方から揺さぶられ、突き動かされ、時に引き裂かれるような体験**は何物にも代えがたい。それをこそ表現することの価値を、ぼくはかたく信じている。

《Culturing〈Paper〉cut》
Hideo Iwasaki

HIDEO IWASAKI

岩崎秀雄

ART × SCIENCE × ?

「アートはいわば危険発見装置である」というマーシャル・マクルーハンの言葉に呼応し、現在のテクノロジーがもたらす社会状況への批評的視線を投じた展覧会。企画キュレーターを務めた山峰は、「どんな技術も、次第に、まったく新しい人間環境をつくりだしていく」とマクルーハンが語ったような時代変革に即して、インターネットやAIなどのテクノロジーが人類社会に深く浸透する時代の光と影を鋭く見通すアーティストを国内外から招へいした。

15

雪の研究で知られる物理学者・中谷宇吉郎の言葉で「生を知らない世界」という言葉がある。私にとってサイエンスとは、人の手のおよばない領域をかいま見せてくれるものである。他方でアートは、徹頭徹尾、人間中心的である。なぜなら、つくり手か、見るものか、いずれにしても人間の介在によってアートはアートたり得るからだ。ではアートサイエンスとは、その二律背反から生まれる自然と人間の対話であり、衝突であり、交歓なのではないか。それが、アート&テクノロジーの騒がしさとは全く異質なものであることを切に願う。

1983年生まれ。東京芸術大学映像研究科修了。文化庁メディア芸術祭事務局、東京都写真美術館、金沢21世紀美術館を経て水戸芸術館現代美術センター学芸員。主な展覧会に「3Dヴィジョンズ」(2010)「見えない世界の見つめ方」(2011)「恵比寿映像祭(第4−7回)」(2012-15、以上東京都写真美術館)、「ハロー・ワールドポスト・ヒューマン時代に向けて」、「中谷芙二子　霧の抵抗」(2018、水戸芸術館現代美術ギャラリー)。Eco Expanded City(2016、ポーランド、WRO Art Center)など海外の展覧会のゲスト・キュレーターや、執筆、アートアワードの推薦委員などを務める。

CURATOR

「ハロー・ワールド ポスト・ヒューマン時代に向けて」
(水戸芸術館現代美術センター)展覧会風景より
上｜セシル・B・エヴァンス《溢れだした》2016
下｜谷口暁彦「アドレス」《61.93.123.244》2010-
Photo: 山中慎太郎(Qsyum!)

JUNYA YAMAMINE

山峰潤也

アーティスト、科学者、プログラマーなど多様な人材を集めるベルリンのデザインスタジオART+COM。公共空間へのキネティック・インスタレーションを得意とし、世界各都市で作品を展開する。バルセロナのSónar Festivalでのコミッションワークとして制作された《RGB|CMYK Kinetic》は、音楽と調和しながら有機的に動く5枚のミラー・ディスクにライトが照らされ、音、光、色の動きがなめらかに交錯していく情感豊かな空間体験を生みだしている。同作は2017年にインターコミュニケーション・センター［ICC］にも出展。

16

アートというものはいくぶん政治性を帯びますが、テクノロジーも同様に多くの政治性を抱えています。昨今では、科学的もしくはテクノロジー的に新しいことが第一義的に期待され、しばしばアートは二番手に追いやられます。こうした傾向は資金調達の構造によく表れているでしょう。つまり、科学やテクノロジーが介在するときは常に、政治的な力学と対峙することになるのです。しかし、私にとって重要なのは、そこにエレガントな解決策を見つけること。**エレガンス、それは美しさであり、ムーブメントであり、芸術的なアイデアでもある。**またそれはプログラムコードや、機械的なソリューションの中から発見されるのかもしれません。

Photo: Norbert Steinhauser

1988年設立、1998年に株式会社化したデザインスタジオART+COMのクリエイティブディレクター。ART+COMはニュー・メディアを用いたインスタレーションや空間を設計・開発し、ビジネス、文化、研究などの分野において、世界中にクライアントをもつ。メディアデザイナー、メディアアーティスト、プログラマー、科学者など多様なバックグラウンドをもつスタッフを擁し、彼らの学際的なチームによってプロジェクトが進められる。アート表現や、複雑な情報を双方向的にやりとりするための手段として新しい技術を用い、絶えず技術を向上させ、空間的コミュニケーションやアートのための技術の潜在力を追究している。
http://artcom.de/

ARTIST, DESIGNER

《RGB|CMYK Kinetic》ART+COM
©ART+COM Studios

JUSSI ÄNGESLEVÄ　ユッシ アンジェスレヴァ

韓国・光州市のアートセンターACCにて、2018年3月に阿部一直がキュレーションした企画展「Otherly Space/Knowledge」は、あらゆる物事がセンシングされ、データ化されていく時代に、他の空間/他の知識は存在しうるかの問いを起点に、都市におけるパブリックスペースへのアプローチを考察・実践する展覧会。70mもの巨大LEDパネルに映しだされたevalaのオーディオビジュアル作品《Score of Presence [Womb of the Ants]》や、ドローンが人間の絵を描く行為を代替する"表現エージェント"となり人間と機械によるハイブリッドな作用を示すSang-won Leigh & Harshit Agrawal《A Flying Pantograph》など、従来の空間性を変容させる計11組のアーティストが集結した。

17

アートキュレーター、コーディネーター。1960年長野県生まれ。東京藝術大学美術学部藝術学科美学専攻卒。1990〜2001年キヤノン株式会社「アートラボ」プロジェクト専任キュレーター。2001年より山口情報芸術センター［YCAM］開館準備室、2003年〜2017年3月山口情報芸術センター、チーフキュレーター、アーティスティックディレクター、2012年より副館長兼任。2006年ベルリン「transmediale award 06」国際審査員。2009年台北「第4回デジタルアートフェスティヴァル台北／デジタルアートアワーズ」国際審査員、2006〜2010年文化庁芸術奨励選定委員、2014年〜2016年文化庁芸術選奨メディア芸術部門選考審査員。

CURATOR

人間文化というのは、概念のアーティキュレートが非常に重要で、概念のフレームを新しくつくることで、これまでにはなかった関係が立ち上がり、新しいプロダクションにつながる。その意味で、「アートサイエンス」という規定されていない別枠のグループダイカスティングによって、これまで感覚されていなかった共有線分のうちに、アート／サイエンスの断章を組み込み、オブジェクトの多様な集積をプロジェクト化すること。例えば、オーヴァーマイン／アンダーマイン（グレアム・ハーマン）といった付せん構築を行っていくことが、両領域で可能になってくる。「アートサイエンス」においては、**パフォーマティブな次元でのリアリゼーションがあくまで重要なのだ。**

上｜evala《Score of Presence [Womb of the Ants]》2018
下｜Sang-won Leigh & Harshit Agrawal《A Flying Pantograph》2016
「Otherly Space/Knowledge」（Asia Culture Center／韓国、2018）展覧会より

KAZUNAO ABE

阿部一直

「まだ『未来』なんていってんの?」と、痛快なコピーと共に届けられた、 元『WIRED』日本版編集長・若林恵の7年間のテキストを集めたエディターズ・クロニクル『さよなら未来』。ビジネス、テクノロジー、音楽の最前線に触れてきた編集者のリアルな声からは、テクノロジーの進化が「未来」をつくると信じ込む20世紀的な幻想から一度離れ、人文知とカルチャーをコンパスに社会を見つめ直す視野が見えてくる。

18

ほんとうのところアートはサイエンスであり、サイエンスはアートであって、営為として根を同じくするのだろう。
ポール・ヴァレリーはこう語っている。
「知的探求の最も生きいきした局面においては、芸術家や詩人の内的操作と学者のそれとの間に、名辞の違い以外の違いはない」

1971年生まれ。編集者。ロンドン、ニューヨークで幼少期を過ごす。早稲田大学第一文学部フランス文学科卒業後、平凡社入社、『月刊太陽』編集部所属。2000年にフリー編集者として独立。以後，雑誌，書籍，展覧会の図録などの編集を多数手がける。音楽ジャーナリストとしても活動。2012年に『WIRED』日本版編集長就任、2017年退任。2018年、黒鳥社(blkswn publishers)設立。

EDITOR

『さよなら未来』若林恵（岩波書店、2018）
Illustration: Natsujikei Miyazaki

KEI WAKABAYASHI 若林恵

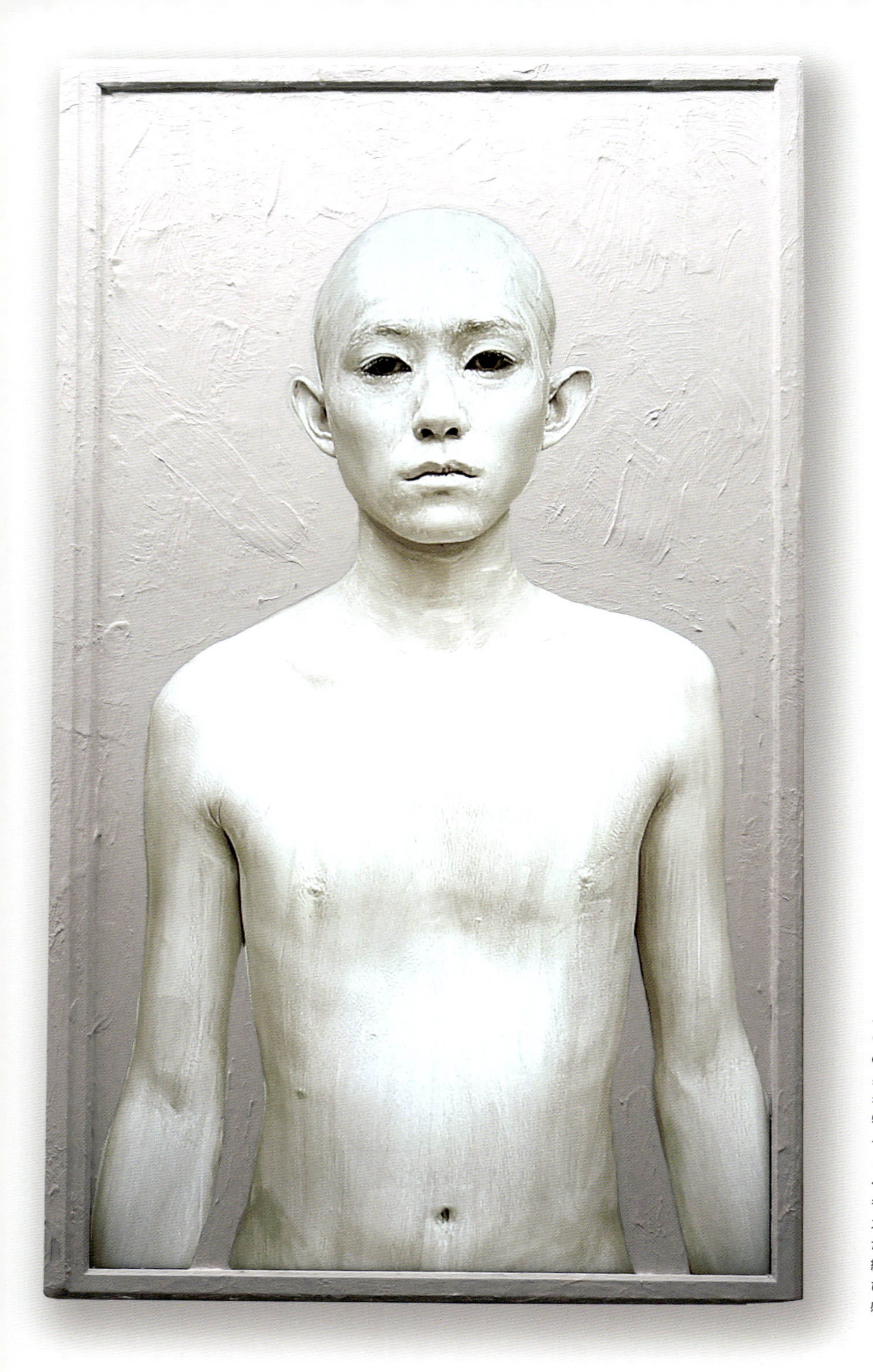

メディアやインターネットから漂う、現代の質感やリアルを鋭く問うアートユニットexonemoの千房けん輔。スマホ時代の身体感覚を問う《Body Paint》は、その名の通り全身を単色でペイントされた人物の映像をLCDディスプレイに映しだし、その人物以外の部分を同色で直接ペイントした作品。人物とディスプレイが同色でペイントされているため、絵画とも映像とも判別できない奇妙な感覚をもたらす。スマホを肌身離さず持ち歩くようになった時代、私たちの身体とデバイスの境界線はどこにあるのか、メディア上に浮かび上がる人物やデバイス自体の「存在感」とは何かを考えさせられる。

19

1996年より赤岩やえとアートユニット「exonemo（エキソニモ）」をスタート。インターネット発の実験的な作品群を多数発表し、ネット上や国内外の展覧会・フェスで活動。テクノロジーによって激変する「現実」に根ざした、独自／革新／アクロバティックな表現において定評がある。またネット系広告キャンペーンの企画やディレクション、イベントのプロデュースや展覧会の企画、執筆業など、メディアを取り巻く様々な領域で活動している。2015年よりニューヨークに在住。アルスエレクトロニカ／カンヌ広告賞／文化庁メディア芸術祭などで大賞を受賞。
http://exonemo.com/

ARTIST

アートとサイエンスの関係でよく言われるのが「元々アートは数々の科学技術によって発展してきたのだから、ふたつは元来親和性の高いものだ」ということだ。でもそう言ってしまうと、サイエンスがアート表現を少しバージョンアップするだけの下位概念になってしまい、面白くない。
サイエンスの面白いところは、一度ロジックが成立してしまえば、後は自動的に、それが人類に良かろうが悪かろうが進んでいってしまうところだ。つまり、人間の存在はサイエンスという宗教にとっては、とるに足らないものなのだ。アートというものはあくまで人間を信じる宗教だ。これらを合わせることの**矛盾、摩擦、衝突から、新しい価値観が生まれてくる可能性がある**のではないか。

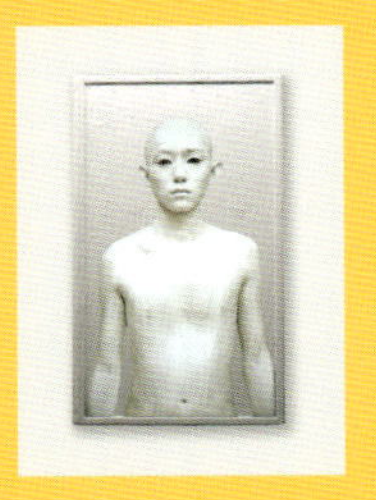

《Body Paint》exonemo

KENSUKE SEMBO

千房けん輔

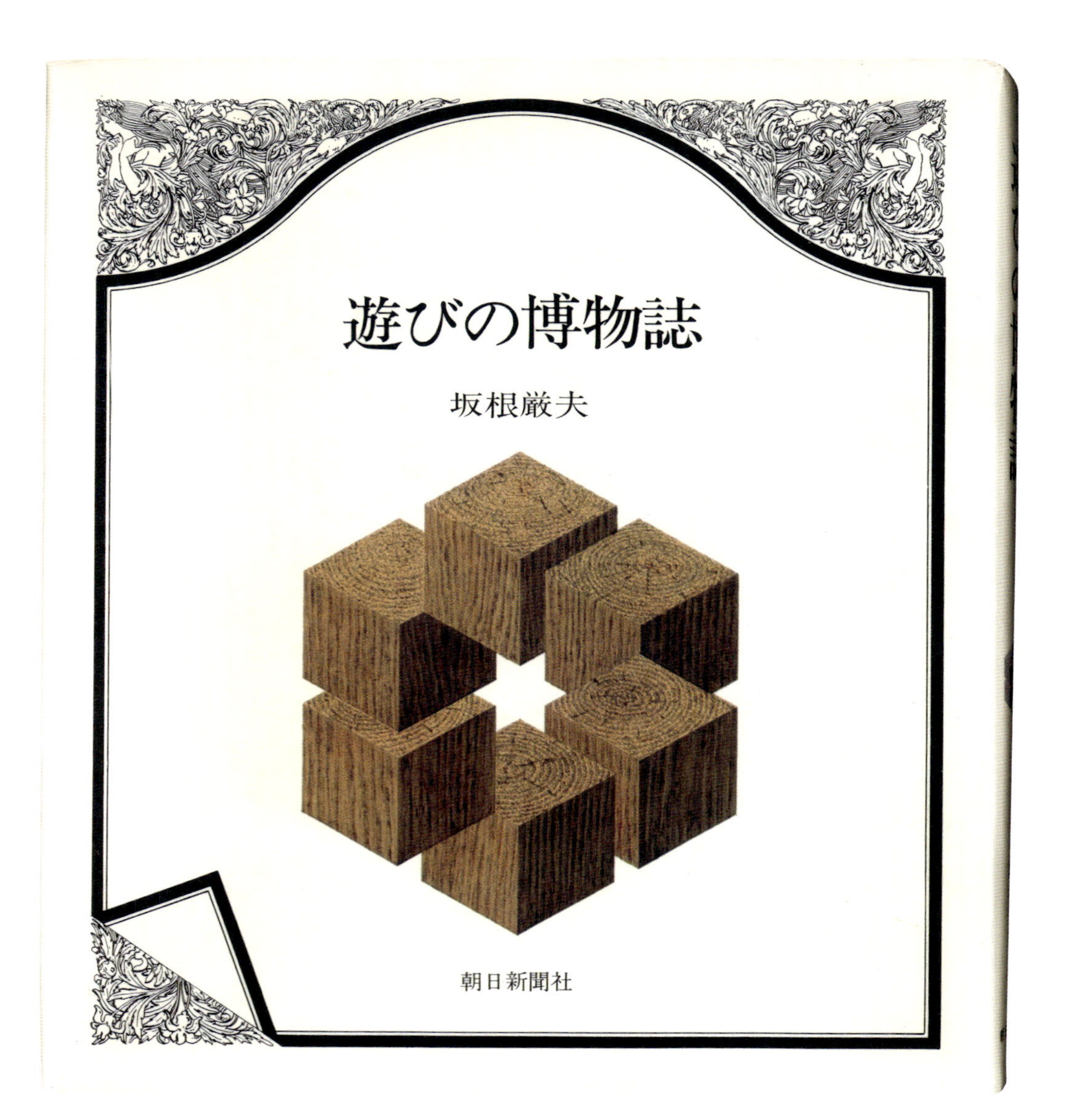

「ニコニコ超会議」や「スポーツハッカソン」の立ち上げに携わり、共創をテーマとした研究を行う研究者・メディアアーティストの江渡浩一郎にとって、古今東西の遊びを集めた名著『遊びの博物誌』（1977年）は自身のアートサイエンスの原点とも呼べる一冊だという。著者の坂根厳夫は1960年代よりジャーナリストとしてメディアアートの勃興を紹介しながら、情報科学芸術大学院大学（IAMAS）初代学長として国内におけるメディアアート教育を牽引してきた人物。

20

私にとってアートとサイエンスの融合は、坂根厳夫『科学と芸術の間』(1986)に始まる。また、歴史を紐解けば、ビリー・クルーヴァーによる「E.A.T.」(1966)がその嚆矢と言われている。つまり、科学と芸術の誘導は、おおよそ半世紀前に始まる。私としては、そのような**長い年月を経て続けられる活動としてのアートサイエンスに注目してほしい**と思っている。そこから現代を見ることによって、きっと得られるものがあるはずと思うからだ。

メディアアーティスト、ニコニコ学会β実行委員長、産業技術総合研究所企画主幹。東京大学大学院情報理工学系研究科博士課程修了。博士(情報理工学)。2011年、ニコニコ学会βを立ち上げる。アルスエレクトロニカ賞、グッドデザイン賞ベスト100などを受賞。主な著書に『ニコニコ学会βのつくりかた』『進化するアカデミア』『ニコニコ学会βを研究してみた』『パターン、Wiki、XP』がある。
http://eto.com/

ARTIST

『遊びの博物誌』坂根厳夫(朝日新聞社)

KOICHIRO ETO

江渡浩一郎

「世界最小の物質はひもでできている」「この世界は9次元ある」など、世界の認識をがらりと変える物理仮説・超ひも理論を専門とする橋本幸士は、物理学と詩的な感性を行き来する稀有な研究者だ。自身が取り組む高次元の知覚化を目指す「高次元知覚化プロジェクト」では、映像作家山口崇司がビジュアライズした「7次元空間に浮かぶ、6次元トーラスの切断面」や、《高次元小説》と第して、小説を読む時間を多次元的にとらえ、2次元、3次元に置き換えても小説として成立する構造のアイデアを発表。同名の映像作品として、プログラマー堂園翔矢の協力のもと、テキストを4次元立体上に配置することで、どの方向からでも読める小説を制作した。

21

サイエンティストの間の賞賛の言葉が「美しい論文ですね」であることからも自明の通り、**科学活動の真の創造的瞬間はアートだ。**しかしそのアートは孤独で内向きであり、人目にさらされる趣向のものではない。外的に多くの人の心を揺さぶる本来的なアートがもしサイエンスに根本的に繋がるなら、それはサイエンスではなくサイエンティストに繋がるのだろう。その時、**サイエンスは開放される。**

理論物理学者。大阪大学大学院理学研究科 教授。1973年生まれ、大阪育ち。2000年京都大学大学院理学研究科修了、理学博士。サンタバーバラ理論物理学研究所、東京大学、理化学研究所などを経て、2012年より現職。専門は理論物理学、超ひも理論。著書に『超ひも理論をパパに習ってみた』(講談社)、『Dブレーン：超弦理論の高次元物体が描く世界像』(東京大学出版会)などがある。『素粒子論研究』編集長、雑誌『パリティ』編集委員、大阪大学理論科学研究拠点拠点長。サイエンスとアートをつなぐ「高次元知覚化プロジェクト」に中心的に関わり、「高次元小説」などを発表している。
http://kabuto.phys.sci.osaka-u.ac.jp/~koji/

SCIENTIST

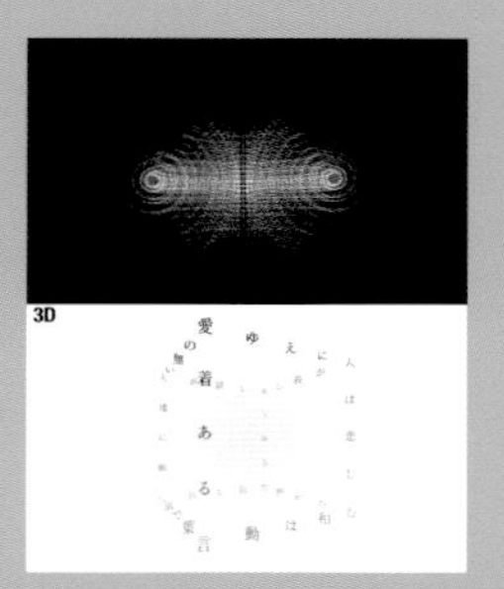

上｜「超ひも理論 知覚化プロジェクト」6次元トーラスの切断面図
Koji Hashimoto + Takashi Yamaguchi
下｜《高次元小説》
Koji Hashimoto + Shoya Dozono

ART × SCIENCE × ?

KOJI HASHIMOTO

橋本幸士

インタラクションデザイナー、造形作家として人とモノのインタラクティブな関係性をテーマに、体験型コンテンツ、アプリ、プロダクト、玩具などを幅広く手がける。《GeoLog YoshinoKawakami》はコンピュータ制御の工作機械を用いて、樹齢150年以上の吉野杉の年輪に、杉自身が育った地形の等高線を彫り込んだ作品。内と外の入れ子構造な視点が木の持つアイデンティティを際立たせる。

22

自分にとって科学的な視点は、創作のインスピレーションを得る窓です。アーティストは、自身や周囲の世界をそれぞれのフィルターを通して捉え、作品として表現しています。**実験と観測に基づいて得られた知見は客観的だからこそ、直感的には奇妙な物に感じられることがあります。**その不思議や違和感が、自分の中のフィルターとなって、作品に反映されているように感じます。

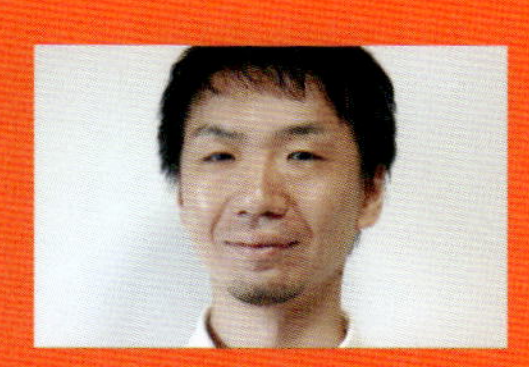

インタラクションデザイナー、造形作家。1979年新潟県生まれ。長岡造形大学造形学部卒業。物事の関係性をテーマにインスタレーションや立体造形作品などの創作活動を行う。また、商業施設やイベントでのインタラクティブコンテンツの企画、制作を数多く手がける。慶應義塾大学SFCや長岡造形大学などで、非常勤講師として電子工作やプログラミングの授業を担当し、2017年度より大阪芸術大学アートサイエンス学科准教授に就任。
http://makotohirahara.com/

DESIGNER

ART × SCIENCE × ?

上｜《GeoLog YoshinoKawakami》
中｜《The Color》
下｜《Yeda》

MAKOTO HIRAHARA

平原真

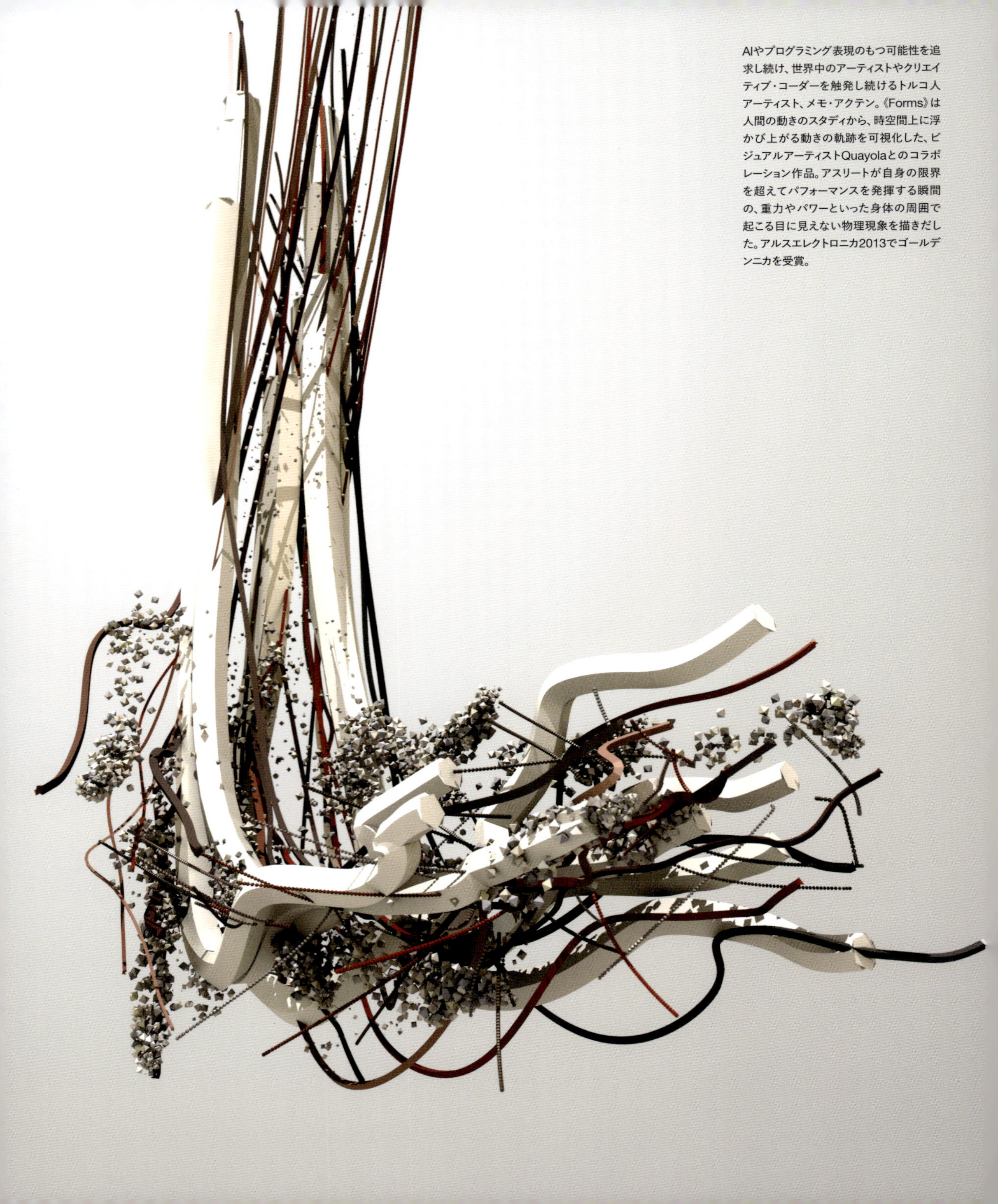

AIやプログラミング表現のもつ可能性を追求し続け、世界中のアーティストやクリエイティブ・コーダーを触発し続けるトルコ人アーティスト、メモ・アクテン。《Forms》は人間の動きのスタディから、時空間上に浮かび上がる動きの軌跡を可視化した、ビジュアルアーティストQuayolaとのコラボレーション作品。アスリートが自身の限界を超えてパフォーマンスを発揮する瞬間の、重力やパワーといった身体の周囲で起こる目に見えない物理現象を描きだした。アルスエレクトロニカ2013でゴールデンニカを受賞。

23

自然、科学、技術、倫理、儀式、伝統、宗教の衝突を探求する媒体としてコンピュータ／プログラミングを扱うアーティスト。批判的アプローチと概念的アプローチを形式、動き、音の研究に組み合わせることで、自然と人為的プロセスのデータ劇を創造する。現在は、ゴールドスミスのロンドン大学で人工知能と表現力豊かなヒューマンマシンの相互作用の博士号を取得中。作品は国際的に展示、演奏され、書籍や学術論文にも掲載されている。
http://www.memo.tv/

ARTIST

サイエンスは新しいアートを見せてくれるツールのひとつである一方で、何が美しいのか、そこにどんな意味があるかを「目に見えるもの」として提示することがアートです。新たなサイエンスやテクノロジーが登場することで、今まで見えてなかったものが見えてくる。その表現の先に、新しいアートが生まれてくると思うんです。
サイエンスは客観性をもった確固たる事実を探求し、アートは個々の主体のまなざしから真実を追求していく。私個人としては、**ある自然現象や物理現象の中から出現するプロセスを観測すること**に興味がある。そこにはアートとサイエンスに大きな違いはありません。

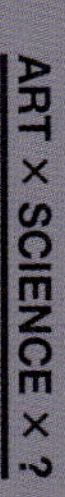

《Forms》Memo Akten

MEMO AKTEN

メモ アクテン

物理学者のマイケル・ドーザーが個人的に制作した指輪型の作品《The world, in a drop》。ガラスの雫は、ガラスと銀の台座の間に圧縮された泡箱のイメージを拡大するレンズとなり、画像が撮られた液体水素タンク内の素粒子の通り道に沿って小さな泡を示す。一方、その雫はイメージを歪めもする。そのため、何が記録されたか、軌跡がどのような物理のプロセスと対応するのかを知るには、解釈、推定、そして想像が必要だ。この指輪は、素粒子物理の情報へアクセスするように、知を拡張しようとする試みにいつも併う曖昧さや不確かさを表現する。

24

CERN（欧州素粒子物理学研究所）の実験物理学者、AEgIS実験の代表担当者。反物質を専門とし、現在は反原子と重力相互作用についての研究を行う。アート関連のイベントを含め、反物質に関わる講演などを広く展開。その範囲は子どもから専門家、意思決定者まで多岐にわたる。

SCIENTIST

芸術と科学は共にリスクの高い試みであり、保障もなく、成果と呼ばれるような新たな発見をできるかどうかもわからない。自身を保ち、不確さを受け入れ、明らかと思われるものに疑問をもち、開拓しようとすることで、両者は互いに学びあえる。**好奇心、遊び、役に立たないことに特徴づけられるこの豊かな不確かさ**は、新たなコンセプト、アイデアや思考を創造する素地をつくるだろう。

芸術家と科学者は必ずしも意を同じくする必要はなく、その交流は摩擦を生むかもしれない。私の希望、それは彼らが互いに尊敬しあい、それぞれの道に深く自らを捧げることで、予想し得ない結果が生まれていくことだ。

《The world, in a drop》Michael Doser

MICHAEL DOSER

マイケル ドーザー

国内数少ないメディアアートを専門とする文化施設、NTTインターコミュニケーション・センター［ICC］の主任学芸員として、様々な企画展やグループ展「OPEN SPACE」をキュレーションし、日本のメディアアートシーンの一端を築いてきた畠中実。インターネット普及以前の1990年から基本構想が検討され、情報革命期における芸術表現の変化を見つめ続けてきたICCでは、先人たちの貴重なアーカイブ集やメディアアート年表などをオンラインで公開している。

25

「アート&サイエンス」と呼ばれてきたような、2つの異なる文化が互いを触発しあう関係から、「&」を取払って、それらが一体になる。と簡単に言えるようなことなのかわかりません。でも、この**異なる分野が、同じ地平でのクリエイションを可能にする、新しい領域としての「アートサイエンス」**ということには可能性を感じないではありません。これまでも、「これは美術なの?」を繰り返し、そして許容してきたのが美術ですし、「これも科学なの?」ということもまたそうなのだと思います。

1968年生まれ。多摩美術大学美術学部芸術学科卒業。NTTインターコミュニケーション・センター[ICC]主任学芸員。1996年の開館準備よりICCに携わり、「サウンド・アート——音というメディア」(2000)、「サウンディング・スペース」(2003)、「サイレント・ダイアローグ」(2007)、「みえないちから」(2010)、「[インターネット アート これから]—ポスト・インターネットのリアリティ」(2012)、「アート+コム/ライゾマティクスリサーチ 光と動きの「ポエティクス/ストラクチャー」」(2017)、「坂本龍一 with 高谷史郎|設置音楽2 IS YOUR TIME」(2017)など、多数の企画展を担当。ほか、ダムタイプ、明和電機、ローリー・アンダーソン、八谷和彦、ライゾマティクス、磯崎新、大友良英、ジョン・ウッド&ポール・ハリソン、といった作家の個展を行う。美術および音楽批評。

CURATOR

ART × SCIENCE × ?

左|坂本龍一 with 高谷史郎《IS YOUR TIME》2017 Photo: 丸尾隆一
右上|セミトランスペアレント・デザイン《1つとたくさんの椅子》2015 Photo: 木奥恵三
右下|中ザワヒデキ《2.73次元の直方体型レゴスポンジ》1998 Photo: 木奥恵三
写真提供:NTTインターコミュニケーション・センター[ICC]

MINORU HATANAKA

畠中実

人工生命（ALife）研究者の池上高志らとALife Lab.を立ち上げ、ALife研究を社会とつなげる活動を精力的に展開するウェブサイエンス研究者の岡瑞起。《ウェブの音を知覚する》では、光や温度を計測するセンサーネットワークが自律的に環境の情報を取り込んで変化し、サウンドスケープをつくりだすアート作品を研究者たちと制作した。環境とフィードバックし続ける半生命的なセンサーネットワークを長い時間動かし続けることで、機械がどのように生命的な現象を生成する能力があるか調べている。

26

私にとってのアートサイエンスは、**迷ったときの心の拠り所**。仕事や人間関係がうまくいかなかったり、悩んだり。そんなとき、立ち返ってどんな世界観をそもそもつくりたいのか考える。**アートサイエンスは、そこを耕してくれる**もの。

工学博士。筑波大学システム情報系・准教授。高校時代をイタリアのUnited World College of the Adriatic（UWCAD）で過ごす。帰国後、筑波大学でコンピュータサイエンスを学ぶ。博士（工学）を取得後、東京大学・知の構造化センター・特任研究員、筑波大学システム情報系・助教を経て、現職。専門はウェブサイエンス。

《ウェブの音を知覚する》
丸山典宏、渡邉由、松本昭彦、岡瑞起、池上高志

SCIENTIST

ART × SCIENCE × ?

MIZUKI OKA

岡瑞起

意外なものを組み合わせる豊かな想像力と、真摯なコミュニケーションに注力する原野守弘の広告プロジェクトは、国内外で多数の受賞歴を誇る。間伐材でできた44mの巨大な木琴がバッハの曲を奏でるNTTドコモのCM「森の木琴」、総勢2000人による出演者をドローンによるワンカット撮影で行ったOK Goのミュージックビデオ『I Won't Let You Down』など、挑戦的かつブランドとエンタテイメントの新たな関係軸を築いてきた。

27

アートサイエンスは、新しい領域を示している。それは、アートから見ても、サイエンスから見ても、**「すき間」のようなものだ。**しかし、宇宙でもっとも巨大なものが「すき間」であるように、それは、とてつもなく**自由であり、孤独である。**

株式会社 もり代表 / クリエイティブディレクター。経営戦略や事業戦略の立案から、製品開発、プロダクトデザイン、メディア企画、広告のクリエイティブディレクションまで、広範囲な分野で一流の実績を持っている。電通、ドリル、PARTYを経て、2012年11月、株式会社もりを設立、代表に就任。大阪芸術大学アートサイエンス学科教授。
OK Go「I Won't Let You Down」NTT Docomo「森の木琴」Honda「Great Journey.」「Pola Dots」「Pola Recruit Forum」「Menicon: Magic」などを手がける。TED: Ads Worth Spreading、MTV Video Music Awards、D&AD Yellow Pencil、カンヌ国際広告祭 金賞、One Show金賞、Spikes Asia グランプリ、AdFest グランプリ、ACC グランプリ、TCC 金賞、ADC 金賞、グッドデザイン賞 金賞など、内外で受賞多数。

ARTIST

上｜OK Goミュージックビデオ『I Won't Let You Down』
下｜NTTドコモ TVCM「森の木琴」

MORIHIRO HARANO

原野守弘

グラフィックデザイナーのキャリアに始まり、VJ、執筆、メディアレイピストから現在美術家、そして2010年から続けるストリーミング番組「DOMMUNE」まで、ジャンルを縦横無尽に行き交い、時代の先端の現場を記録し続ける宇川直宏。2015年にゼネラル・ディレクターに就任した高松メディアアート祭は、「The Medium of the Spirit -メディアアート紀元前」をテーマに、テクノロジーと人間の潜在能力のせめぎあいのエネルギーを表現した作品を招集し、アートのもつ「急進性」と「普遍性」を問いかける伝説の奇祭となった。

28

アートはサイエンスに**毒**を盛り、サイエンスはアートに**薬**を与える。アートはサイエンスに**自由**を与え、サイエンスはアートを**統制**する。アートはサイエンスに**狂気**を浴びせ、サイエンスはアートに**ロジック**を伝える。アートはサイエンスを**実験**し、サイエンスはアートを**観察**する。アートはサイエンスに**仏**を教え、サイエンスはアートに**神**を教える。いや、その**逆**、いやいや、その**逆の逆**、いやいやいや、その**逆の逆の逆**……

1968年香川県生まれ。映像作家／グラフィックデザイナー／VJ／文筆家／そして「現在美術家」……幅広く極めて多岐にわたる活動を行う全方位的アーティスト。既成のファインアートと大衆文化の枠組みを抹消し、現在の日本にあって最も自由な表現活動を行っている。2010年3月に突如個人で立ち上げたライブストリーミングスタジオ兼チャンネル「DOMMUNE」は、開局と同時に記録的なビューアー数をたたきだし、国内外で話題を呼び続ける。2016年にはアルスエレクトロニカにDOMMUNEリンツ・サテライトスタジオを開設、2019年には瀬戸内国際芸術祭にてDOMMUNE最新プロジェクトを予定。

ARTIST

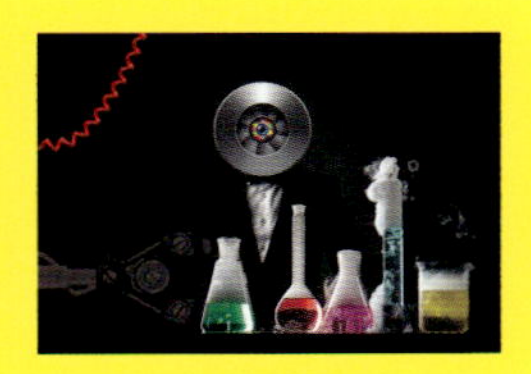

「高松メディアアートフェスティバル2016」
メインビジュアル：宇川直宏

NAOHIRO UKAWA

宇川直宏

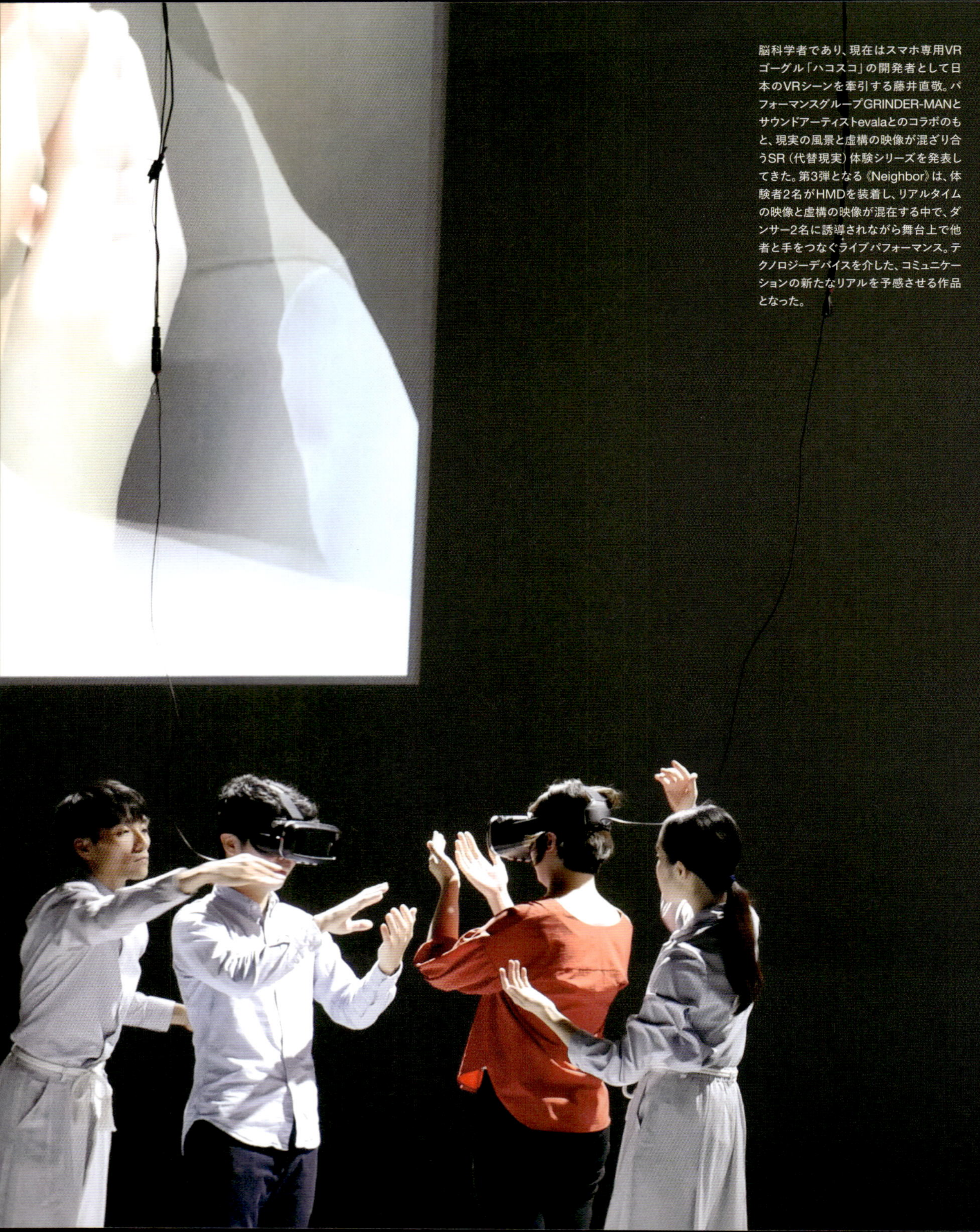

脳科学者であり、現在はスマホ専用VRゴーグル「ハコスコ」の開発者として日本のVRシーンを牽引する藤井直敬。パフォーマンスグループGRINDER-MANとサウンドアーティストevalaとのコラボのもと、現実の風景と虚構の映像が混ざり合うSR（代替現実）体験シリーズを発表してきた。第3弾となる《Neighbor》は、体験者2名がHMDを装着し、リアルタイムの映像と虚構の映像が混在する中で、ダンサー2名に誘導されながら舞台上で他者と手をつなぐライブパフォーマンス。テクノロジーデバイスを介した、コミュニケーションの新たなリアルを予感させる作品となった。

29

僕は何がアートなのか分からないまま
サイエンスから徐々にはみだしていて、
気がついたらアーティスト枠に入って
いました。そういう意味で個人的には
アートとサイエンスに境界はないように
思いますが、両者の融合を恣意的に行
う試みはうまくいかないことが多いよう
な気がします。
サイエンスの文脈で捉えきれない、
仕方なく自分の内面から溢れでてくるものでヒトのココロの中に踏み込んで、一生消えないモノをつくりたい。そんなことはサイエンスでは無理なので、
アートに手をのばすのは必然だったの
かもしれません。

株式会社ハコスコ代表取締役、VRコンソーシアム代表理事。1965年広島生まれ。東北大学医学部卒業。同大大学院にて博士号取得。1998年よりマサチューセッツ工科大学にて研究員として勤務。2012年よりSR（代替現実）システムを開発し、ヴァーチャルリアリティ領域におけるさまざまな実践的取り組みを行う。

SCIENTIST

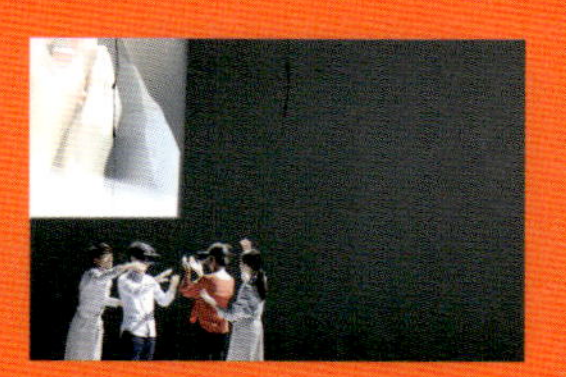

《Neighbor》
Naotaka Fujii + GRINDER-MAN + evala
Photo: タグチヒトシ

NAOTAKA FUJII

藤井直敬

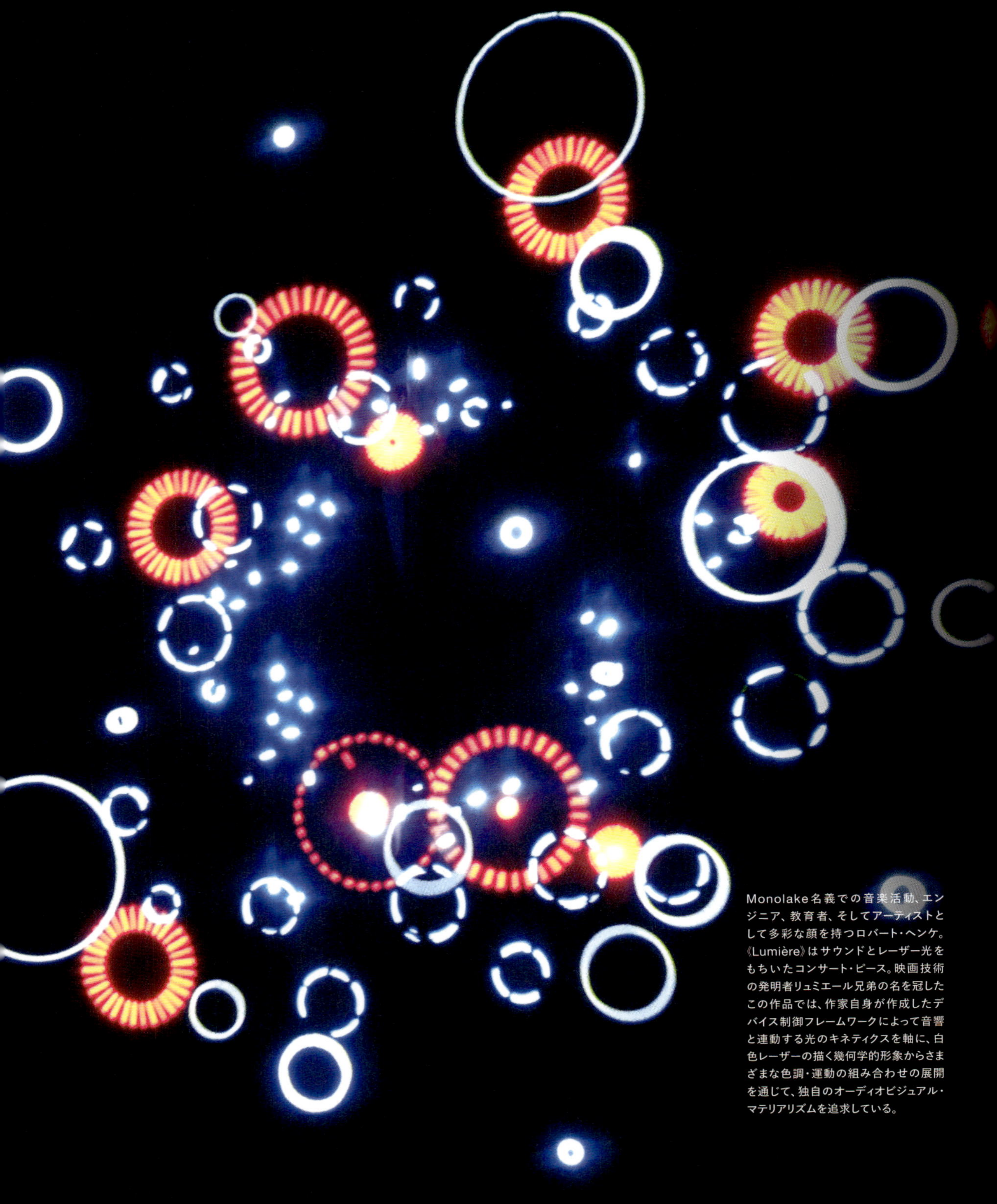

Monolake名義での音楽活動、エンジニア、教育者、そしてアーティストとして多彩な顔を持つロバート・ヘンケ。《Lumière》はサウンドとレーザー光をもちいたコンサート・ピース。映画技術の発明者リュミエール兄弟の名を冠したこの作品では、作家自身が作成したデバイス制御フレームワークによって音響と連動する光のキネティクスを軸に、白色レーザーの描く幾何学的形象からさまざまな色調・運動の組み合わせの展開を通じて、独自のオーディオビジュアル・マテリアリズムを追求している。

30

アートサイエンスという概念がより大きな意義をもつためには、この言葉の組み合わせについて、より詳細な議論が必要だと思います。発明家としてのサイエンティストがもつべき芸術的思考を意味する「サイエンスのアート」なのか、芸術制作のプロセスに科学的思考を応用する試みとしての「アートのサイエンス」なのか。現時点では、様々な意味をもちうる言葉だと言えるでしょう。

1969年ミュンヘン生まれ、ベルリン在住。電子音楽、オーディオビジュアルの分野で活躍するアーティスト。1995年よりMonolake名義での活動をスタートし、ベルリンのクラブミュージックカルチャーを牽引する。自らの音楽表現のためのハードウェアの開発、音楽制作・パフォーマンスのためのソフトウェアAbleton Liveの開発者の一人として貢献するなど、様々なレイヤーのエンジニアリングにも深く携わる。2000年代からは音源制作やライブ活動に加え、インスタレーション作品の制作・展示も本格的に開始し、近作ではサウンドに駆動される高出力レーザーを用いたオーディオビジュアル表現を展開しており、世界中のミュージアム、フェスティバルでの上演や展示を重ねている。

ARTIST

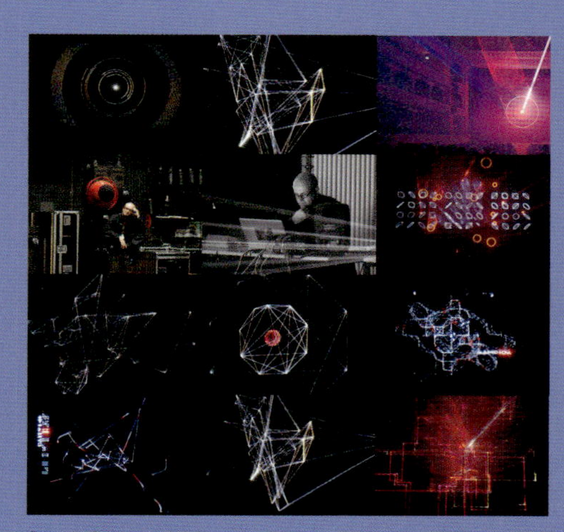

《Lumière》Robert Henke

ROBERT HENKE

ロバート ヘンケ

古今東西の歴史文化、アート、サイエンスなど多方面におよぶ思索を展開する編集工学者・松岡正剛。東京・豪徳寺の仕事場、ISIS館1Fにあるブックサロンスペース「本楼（ほんろう）」には、約2万冊の日本関係の書籍が並べられ、どこにもない知の空間を演出する（全館では6万冊以上）。2000年からブックナビゲーションサイト「千夜千冊」をウェブ上で連載、2006年には1144冊分の「千夜千冊」に大幅加筆修正を施し、全7巻の独自の部立てに再編集した全集版『松岡正剛 千夜千冊』（求龍堂）を刊行した。各巻総頁平均1300頁、総重量13.0kg。装幀は資生堂名誉会長の福原義春氏。

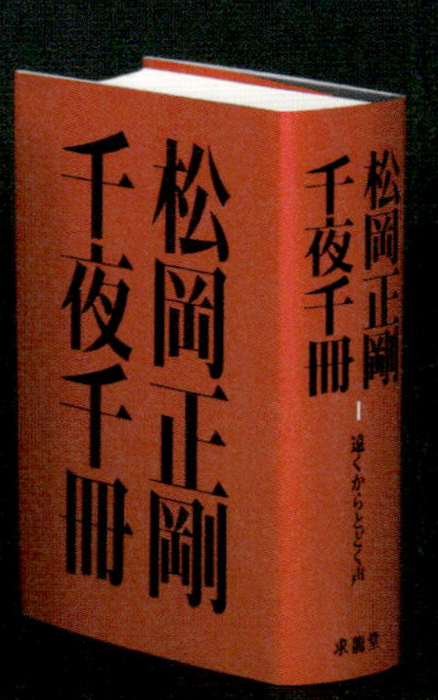

31

21世紀はもっともっとアートとサイエンスが重なっていく。その重なりは、思考と計算のあいだに、感覚とイメージングツールのあいだに、ゲノムと行為情報のあいだに、ファインアートとマンガのあいだに、メディアとビッグデータのあいだに、どんどん拡張していくだろう。

1944年、京都市生まれ。1971年に工作舎を設立、総合雑誌『遊』を創刊。87年、編集工学研究所を設立。情報文化と日本文化を重ねる研究開発プロジェクトに従事。2000年にインターネット上に「イシス編集学校」を開校するとともに、ブックナビゲーション「千夜千冊」の連載を開始、現在も更新中。著書は、『知の編集術』『多読術』『17歳のための世界と日本の見方』『日本流』『フラジャイル』『国家と「私」の行方』『擬』ほか多数。2018年5月、文庫シリーズ「千夜千冊エディション」(角川ソフィア文庫)の刊行がスタート。第1弾は『本から本へ』、『デザイン知』の2冊同時刊行。

EDITOR

2018年5月に刊行を開始した
『千夜千冊エディション』(角川ソフィア文庫)
撮影：熊谷聖司

ART × SCIENCE × ?

SEIGOW MATSUOKA

松岡正剛

遺伝学の研究者を父に持ち、解剖に関する本に自然と触れて育ったアーティストの福原志保。2004年にゲオルク・トレメルと立ち上げたアートユニットBCLの作品《Common Flowers / Flower Commons》は、遺伝子組み換えによって開発された「青いカーネーション」から花を青くさせるDNAを抽出し、もう一度「白いカーネーション」に戻すバイオプロジェクト。遺伝子操作が民間でも可能になった時代、自然を掌握していく人の欲望や遺伝子にまつわる倫理や権利の問題点を問いかけている。

32

アートサイエンスをすることで、私たちは何を見出そうとしているのでしょうか？　いま、アートサイエンスが必要な時代になってきたことは確かです。それはなぜかと考えるとき、**アートとサイエンスの間にある「Society（社会）」の存在**が浮かんできます。たとえば、人間らしさを問い直すのはアートの仕事です。人間とは何か、倫理とは何か、サイエンスやテクノロジーの現場では忘れられがちな視点を思いださせてくれるのがアートだったりする。融合だけを目指すアートサイエンスを脱して、それが**必要とされる意味**を起点に議論していけば、次のアートサイエンスが生まれてくるはずです。

BCL 共同創設者、Poiesis Labs CEO2001年ロンドンのセントラル・セント・マーチンズ卒業、2003年ロイヤル・カレッジ・オブ・アート修了。2004年ゲオルク・トレメルとアーティスティック・リサーチ・フレームワーク「BCL」を結成。以後、特にバイオテクノロジーの発展が与える社会へのインパクトや、環境問題について焦点を当てている。また、それらにクリティカルに介し、閉ざされたテクノロジーを人々に開いていくことをミッションとしている。ポイエーシスラボ代表。Google ATAP Project Jacquard テキスタイル開発兼テクノロジーインテグレーションリード。

ARTIST

《Common Flowers / Flower Commons》BCL

SHIHO FUKUHARA
福原志保

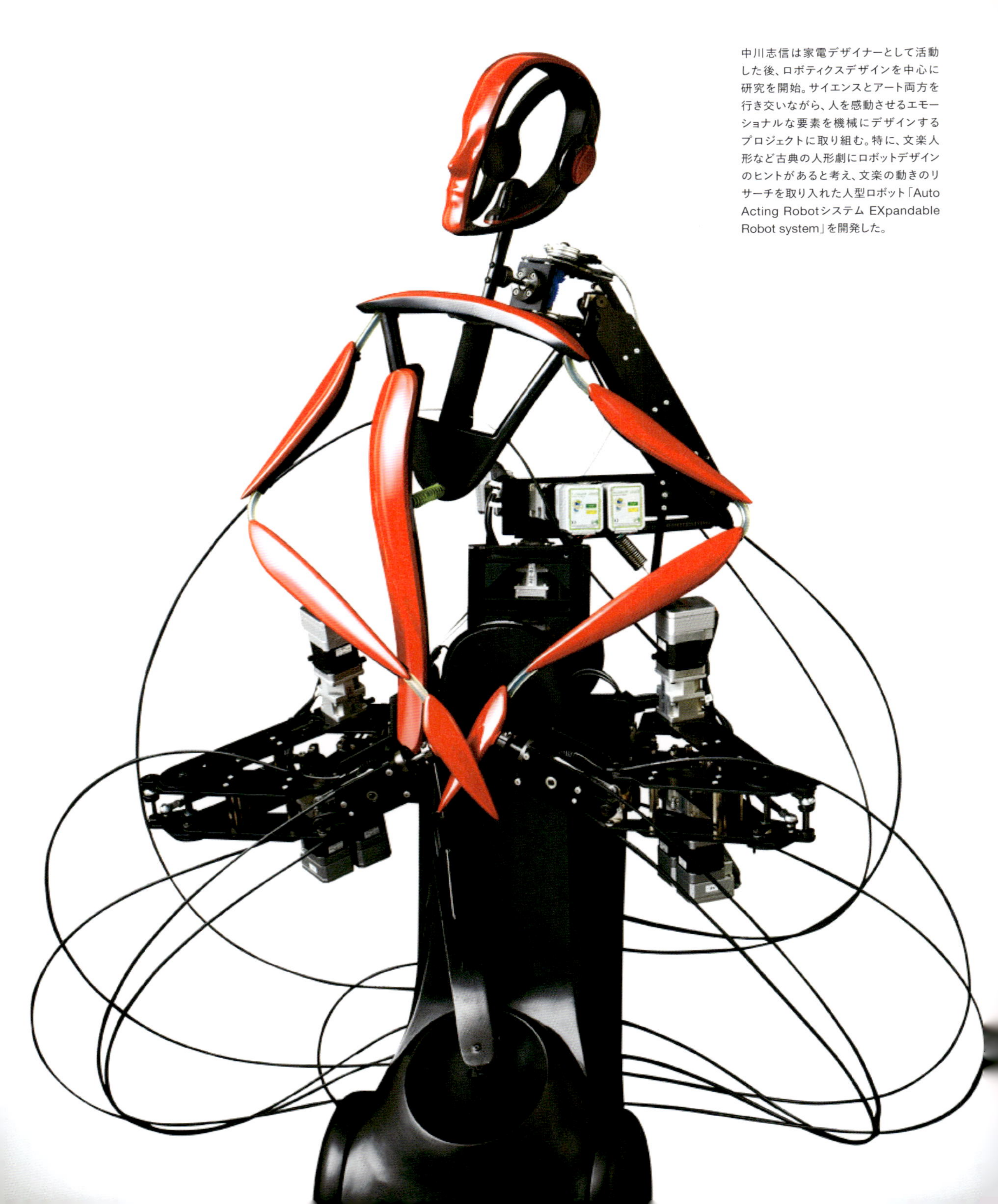

中川志信は家電デザイナーとして活動した後、ロボティクスデザインを中心に研究を開始。サイエンスとアート両方を行き交いながら、人を感動させるエモーショナルな要素を機械にデザインするプロジェクトに取り組む。特に、文楽人形など古典の人形劇にロボットデザインのヒントがあると考え、文楽の動きのリサーチを取り入れた人型ロボット「Auto Acting Robotシステム EXpandable Robot system」を開発した。

33

アートサイエンスとは **21世紀のDESIGN。** 洗練された工芸品のような外観と高度なUX設計のiPhoneが事例として理解しやすい。20世紀のデザイン×エンジニアリングではない。人を情動させるレベル（アート）にモノやサービスを昇華させるには、**従来概念を打破するための基礎研究（サイエンス）** が必要。
私はロボットのアート化を研究している。それは人がロボットに自然に情動するUXデザイン。人の創作物（文楽人形）に人が自然と情動する伝統芸能「文楽」の基礎研究を通して、その理論を先端ロボットに落し込む研究である。このようなDESIGN＝アートサイエンスが未来を拓くと考える。

1967年、大阪府生まれ。プロダクトデザイナー、ロボティクスデザイナー。大阪芸術大学アートサイエンス学科教授。武蔵野美術大学卒業。松下電器産業（現パナソニック）で家電デザイナーとして活躍後、ロボティクスデザインを中心にテクノロジーの融合により、人を感動させるロボットの製作を実現。グッドデザイン賞など受賞歴多数。新技術やアイデアを使った新たな価値の創造をめざす。

PRODUCT DESIGNER

ART × SCIENCE × ?

人型ロボット「Auto Acting Robot システム EXpandable Robot system」

SHINOBU NAKAGAWA

中川志信

菅野創＋やんツーによるインスタレーション作品《Avatars》。扇風機から石膏像、自動車まで多様なオブジェにカメラやマイク、モーターなどが潜んでおり、ウェブ上の鑑賞者はインターネット経由でそれらのオブジェに「憑依（ログイン）」し、オブジェ自体を動かしたり、視線を替えたりといった操作が可能になる。会場にいる鑑賞者は、突然モノたちが意志を持ったかのような錯覚を覚える。ポストIoT時代における、モノと人との関係性に問いを投げかける。文化庁メディア芸術祭優秀賞受賞。

34

サイエンスはロジックを解明するものと言われます。アートは多角的に人間の真理を解明しようとする実践だと思います。認知科学の分野ってロジカルに人間とは何か問うていて、つまり両方の性質を持っている。かつて**人間の真理の解明を担当したのは宗教**でしたが、そのパートをこれらの分野が背負っていくのでは。行動経済学や心理学や人工知能、人工生命の分野の何が面白いってその部分だと思います。

1984年生まれ。武蔵野美術大学造形学部デザイン情報学科卒業。情報科学芸術大学院大学（IAMAS）メディア表現研究科メディア表現専攻修了。テクノロジーを駆使しながら、シグナルとノイズの関係やエラーやグリッチといったテクノロジー特有の事象にフォーカスする。自分が見てみたいもの、観察したいものを実現するために作品を制作している。

ARTIST

《Avatars》So Kanno + yang02

SO KANNO

菅野創

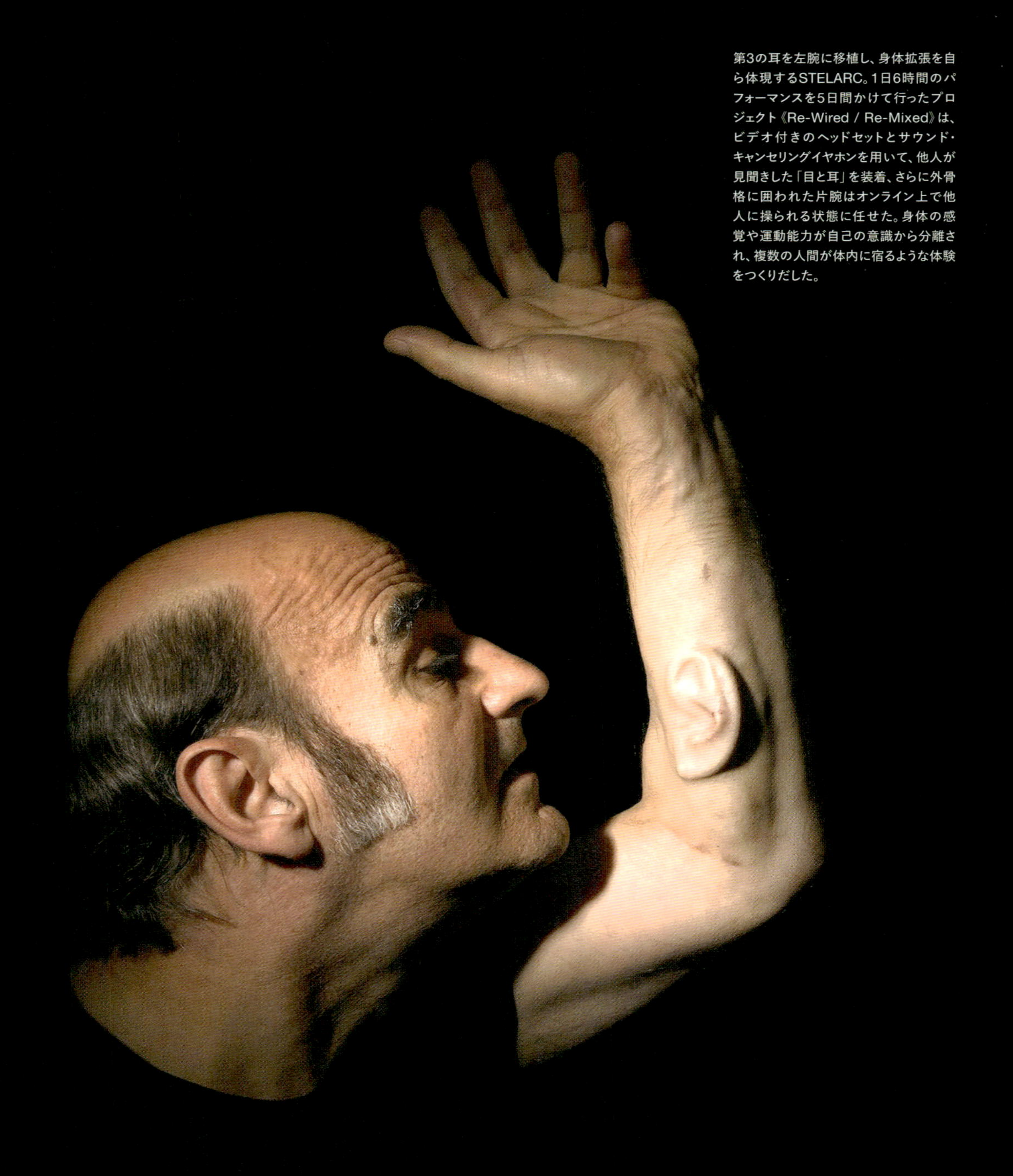

第3の耳を左腕に移植し、身体拡張を自ら体現するSTELARC。1日6時間のパフォーマンスを5日間かけて行ったプロジェクト《Re-Wired / Re-Mixed》は、ビデオ付きのヘッドセットとサウンド・キャンセリングイヤホンを用いて、他人が見聞きした「目と耳」を装着、さらに外骨格に囲われた片腕はオンライン上で他人に操られる状態に任せた。身体の感覚や運動能力が自己の意識から分離され、複数の人間が体内に宿るような体験をつくりだした。

《Ear On Arm》Stelarc
London, Los Angeles, Melbourne 2006
Photo: Nina Sellars

35

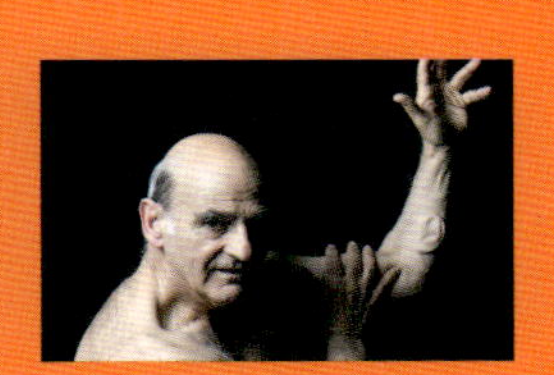

オーストラリア出身のパフォーマンス・アーティスト。テクノロジーが可能にする身体の拡張を探求し、ロボティクスで製作した「第三の腕 Third Hand」、またその動きをインターネット上のユーザーに任せた「パラサイト Parasite」パフォーマンスなどで知られる。自らの腕にインターネットに接続された第三の耳を構築する「Ear on Arm」プロジェクトで、2010年にアルスエレクトロニカ、ハイブリッドアート部門のゴールデンニカを受賞。

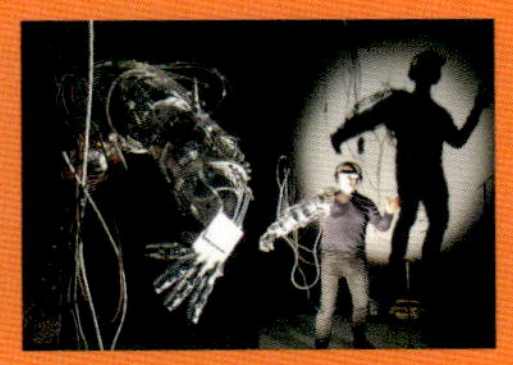

《Re-Wired / Re-Mixed》STELARC
Propel: Body on Robot Arm
DeMonstrable, Autronics /
Lawrence Wilson Gallery, Perth 2015
Photographer- Steven Aaron Hughes

ARTIST

1960年代後半から私は、自分の体の信号や音を増幅させたり、体の内側を撮影したフィルムをつくったりと、自分のパフォーマンスにテクノロジーを使ってきました。しかしそれはサイエンスというより、テクノロジーの話です。アートとサイエンスをつなぐものはテクノロジーであり、何かの方法論ではありません。アーティストはテクノロジーを、情報伝達ではなく情動やインパクトのために使い、サイエンティストはそれを観察や計測のために使います。一方、アーティストがテクノロジーと出会うことで、思わぬ使い方が生まれてくることがあります。アーティストはテクノロジーをハックし、サイエンスを解剖するのです。アート・リサーチと呼ばれるものは、真っ正面から芸術的なプラクティスに挑むことです。

アートはものごとを肯定するものではなく、不安や矛盾、不確かなことを想起させるものでなければなりません。

STELARC ステラーク

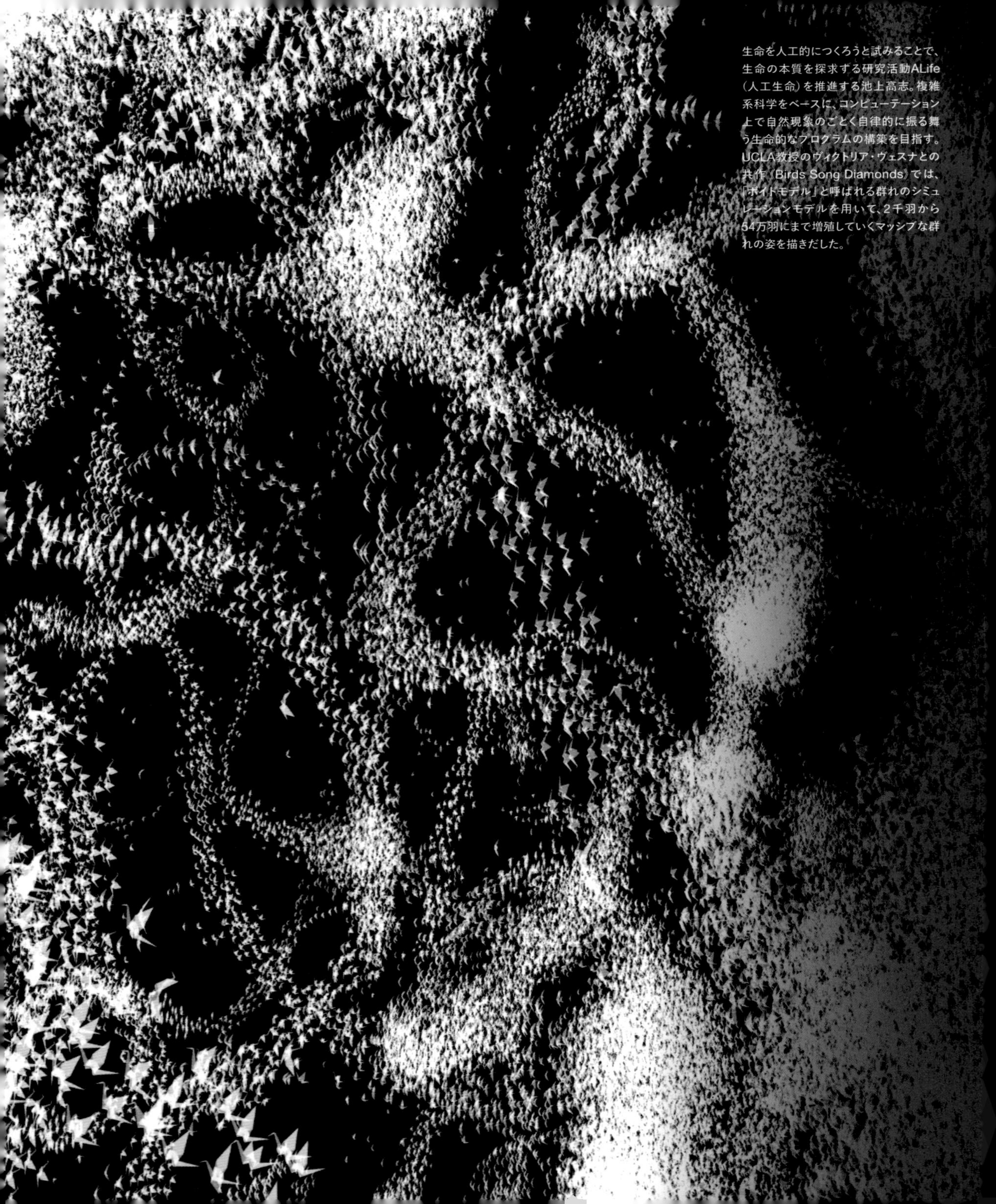

生命を人工的につくろうと試みることで、生命の本質を探求する研究活動ALife（人工生命）を推進する池上高志。複雑系科学をベースに、コンピューテーション上で自然現象のごとく自律的に振る舞う生命的なプログラムの構築を目指す。UCLA教授のヴィクトリア・ヴェスナとの共作《Birds Song Diamonds》では、「ボイドモデル」と呼ばれる群れのシミュレーションモデルを用いて、2千羽から54万羽にまで増殖していくマッシブな群れの姿を描きだした。

36

SCIENTIST, ARTIST

東京大学 総合文化研究科 教授。PhD. 物理学。複雑系・人工生命の研究のかたわら、渋谷慶一郎、evala、新津保健秀らとのアート活動も行っている。著作に、『複雑系の進化的シナリオ』（朝倉書店、共著 1998）、『動きが生命をつくる』（青土社 2007）、『生命のサンドウィッチ理論』（講談社 2013）、アート作品に、Filmachine（YCAM、2006）、Mind Time Machine（YCAM、2010）、Rugged TimeScape（Foil、2010）、Sensing the Sound Web（2012）、Bird Song Diamond（Tsukuba、2014、2016）などがある。
http://sacral.c.u-tokyo.ac.jp/

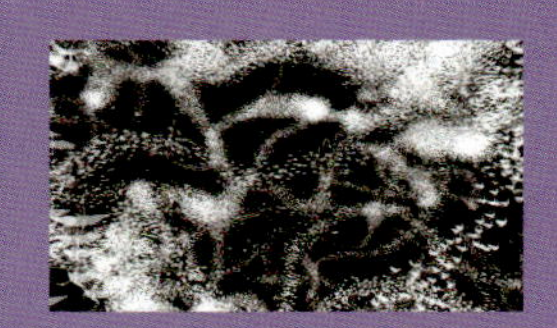

《Birds Song Diamonds》
Takashi Ikegami, Victoria Vesna

人間が経験できる領域を大きく広げ、新しい知覚体験、新しい「自然」現象をつくりだすことがますます可能になる現代。脳の外在化がさらに進むだけではなく、アーティスト荒川修作が言っていたように、意識は環境に偏在化していくだろう。いままで、科学とは、女神のベールを持ち上げてその顔を拝むことであったが、気がつくとベールの下には自分自身の顔があったという感じ。そこから対象とその解釈の不思議なメタ「ループ」が回り始める。サイエンス・アートは、このループを閉じてはいけない。人の脳は自然のVRシステムである。われわれはこの**脳がつくる仮想世界を質的にもっと広げて**いこう。ループを開いていこう。それが芸術教育ではないか?

そのためには、**芸術と一見無関係なことを真剣にやる**ことが肝要だ。ガソリンスタンドで働いたり、蕎麦屋に研修にいったり、場の理論をやったり……、そこからしかループは開かないのだから。

TAKASHI IKEGAMI

池上高志

トースターをゼロからつくろうと試み、鉄鉱石の採掘やプラスチックの製造まで考察したプロジェクト《ゼロからトースターを作ってみた》で世界中の注目を集めたトーマス・トゥウェイツ。人間社会に疲れて“ヤギになろう”と決心したプロジェクト《Goat Man（ヤギ男）》では、脳に磁気刺激を与えてヤギの思考に近づき、ヤギと人間の骨格を研究した四足歩行を補助する器具や、シリコン製の人口胃腸を開発するなど、徹底的なリサーチ結果を発表。2016年にイグ・ノーベル生物学賞を受賞した。

37

ぼくたちはいま、科学的な世の中に生きているし、これからもそれが続きそうだから、それをアートにするのも良いんじゃないかな。

デザイナー。2009年、英ロイヤル・カレッジ・オブ・アート（RCA）を卒業。大学院の卒業制作として行った「トースター・プロジェクト」は、TEDをはじめ、「WIRED」「ボストン・グローブ」「New York Times」など世界各国メディアで話題となった。日本語版の著書には『ゼロからトースターを作ってみた結果』（新潮文庫）がある。2015年より、自身が"ヤギになってみる"プロジェクト「GoatMan: How I Took a Holiday from Being Human」を始動。
http://www.thomasthwaites.com/

DESIGNER

《Goat Man》Thomas Thwaites

ART × SCIENCE × ?

THOMAS THWAITES トーマス トゥウェイツ

NASAジェット推進研究所で、人間中心設計のデザイナーを務めるティボー・バリントは、領域を超えてイノベーションを生みだす「バウンダリー・オブジェクト」の制作を通して、第2次サイバネティクスの役割を探求している。《Expanding Boundaries》には、1610年に発見されたガリレオ衛星のスケッチ、そして1995年に木星の軌道に載った探査機ガリレオのエアロシェルが描かれ、木星探査の鍵となる重要な時が刻まれている。

38

科学、それはその他の領域と共に、私たちの周りにある世界への理解を助けるものだ。そして芸術は、個人に構築された認知モデルや環境との会話を促すもの。
それらは新たな可能性や方向性を生みだし、パラダイムの拡張に至るだろう。つまり「アートサイエンス」は想像の境界を刺激し、広げていく。いずれは知識の発展にも貢献するはずだ。

英ロイヤル・カレッジ・オブ・アート（RCA）の博士課程において、人間の視点を核としたデザインを研究し、「バウンダリー・オブジェクト（境界的なものの存在）」を通して「デザインの会話」や新たな視点を創出。デザイン研究と過去のNASAやJPL/Caltechでの経験を結び合わせていくことで、デザイナー的そして芸術的なオペレーション・モードにも言及した。それらは、従来のエンジニアのパラダイムを超えて、NASAの可能性を革新しうる実証的な価値を提示している。
http://www.tiborbalint.com

DESIGNER, TECHNOLOGIST, ARTIST

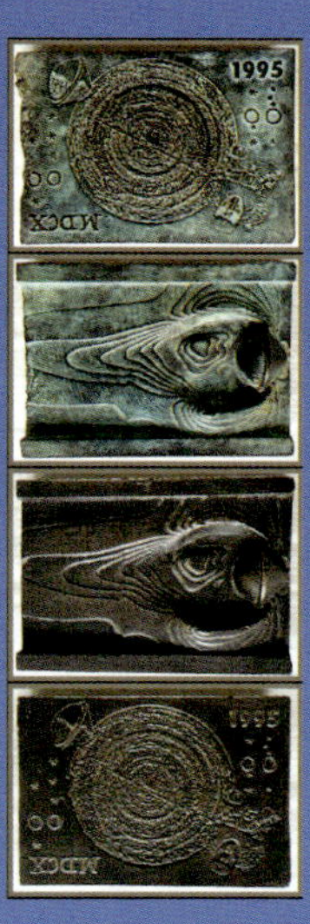

《Expanding Boundaries》
Tibor Balint

ART × SCIENCE × ?

TIBOR BALINT

ティボー バリント

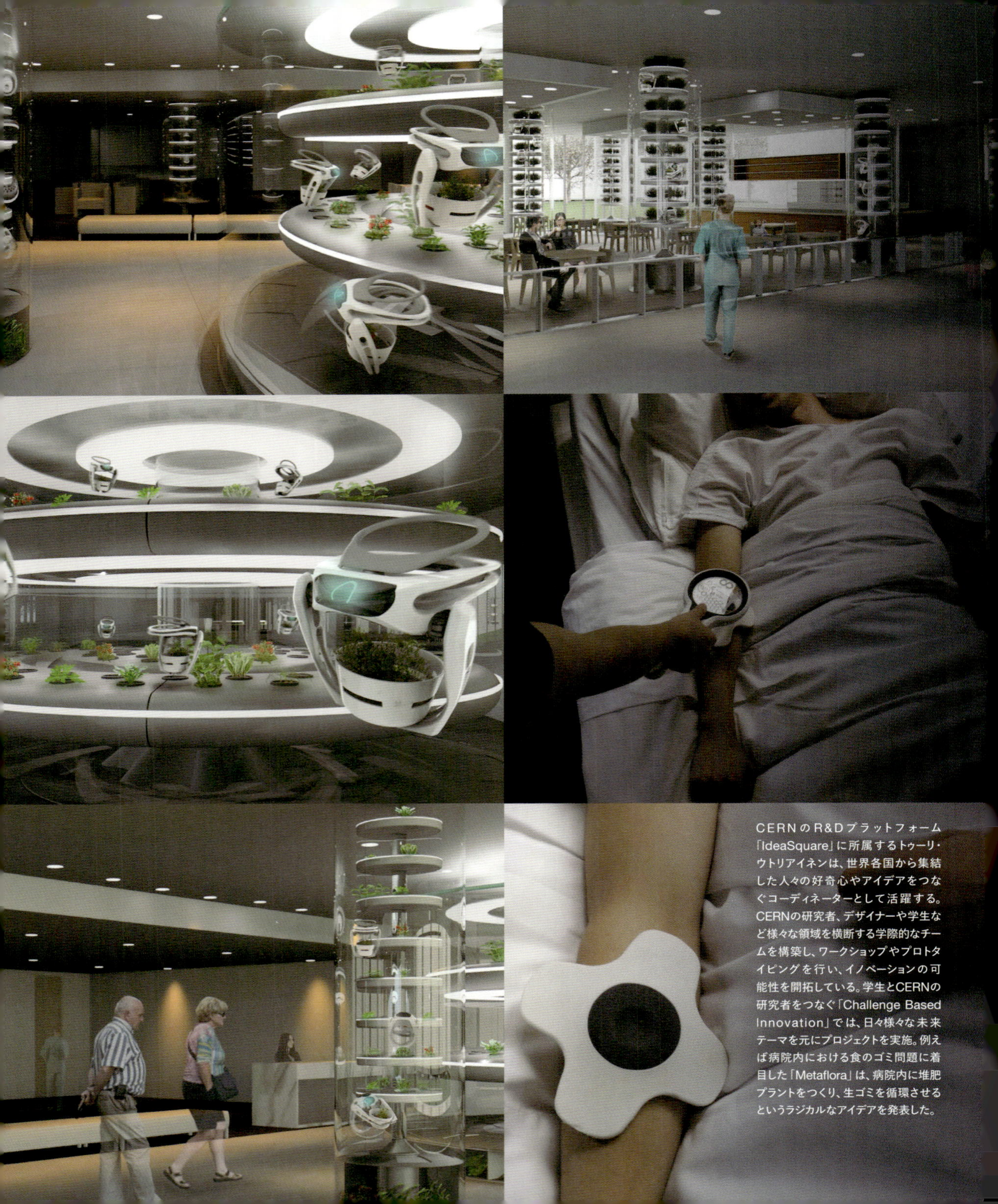

CERNのR&Dプラットフォーム「IdeaSquare」に所属するトゥーリ・ウトリアイネンは、世界各国から集結した人々の好奇心やアイデアをつなぐコーディネーターとして活躍する。CERNの研究者、デザイナーや学生など様々な領域を横断する学際的なチームを構築し、ワークショップやプロトタイピングを行い、イノベーションの可能性を開拓している。学生とCERNの研究者をつなぐ「Challenge Based Innovation」では、日々様々な未来テーマを元にプロジェクトを実施。例えば病院内における食のゴミ問題に着目した「Metaflora」は、病院内に堆肥プラントをつくり、生ゴミを循環させるというラジカルなアイデアを発表した。

39

私にとってアートとサイエンスは、**この世界を内へも外へも拡張してくれるもの**です。そのどちらもが、人間の深い好奇心と表現から生まれたものの一部。アートはあらゆるところから探索してきた新たな価値を定義してくれるし、**サイエンスはその探索を可能にするツール**を与えてくれます。
ですから、今後さらに未知の世界を拡張していくためには、この2つが交わるのは必須であるとも言えるでしょう。

スイス・ジュネーヴにある世界最大の素粒子物理学の研究所・CERNにて、サイエンスと新たなコラボレーションを推進する「IdeaSquare」に所属。ヒューマンセントリックのグローバルな問題解決に取り組む大学やNGO機関と連携し、CERNのもつテクノロジーの知見を社会に広めている。現在進める実験のひとつである「Challenge Based Innovation」では、20人ほどの学際的な学生チームをつくり、自閉症の子どもたちの学習実験を助けるプログラムや、欧州における高齢層のためのモビリティ援助など、多様な取り組みに挑戦中。グローバルなアプローチとして、ノルウェーからオーストラリアまで国境を超えた様々な学生がプロジェクトに参加している。

CATALYST

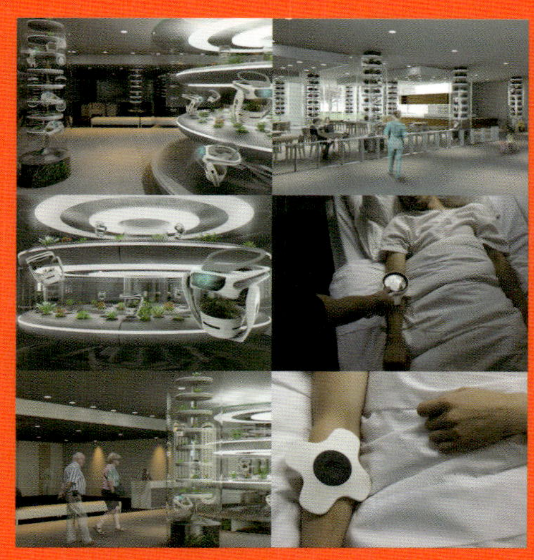

Project [Metaflora] by Challenge Based Innovation
Justin Yuan, Paris Triantis, Lachlan Mackay

TUULI UTRIAINEN トゥーリ ウトリアイネン

メディアテクノロジーの時代における「美術」の再解釈を行い、マシンが絵を描くドローイングマシンの制作を通して、美術行為の主体を機械や外的要因に委ねた作品を多く手がけるやんツー。《現代の鑑賞者》はタイトルが表す通り、展示空間を自由に動き回るセグウェイがやんツー本人の旧作を"鑑賞する"インスタレーションとなっている。「鑑賞」とは何かを改めて考えさせられる作品。

40

1984年、神奈川県茅ヶ崎市生まれ。美術家。2009年多摩美術大学大学院デザイン専攻情報デザイン研究領域修了。デジタルメディアを基盤に、行為の主体を自律型装置や外的要因に委ねることで人間の身体性を焙りだし、表現の主体性を問う作品を多く制作する。《SENSELESS DRAWING BOT》が第15回文化庁メディア芸術祭、アート部門において新人賞を受賞。2013年、新進芸術家海外研修制度に採択され、バルセロナとベルリンに滞在。2015年から東京と京都を拠点に活動。近年の主な展覧会に「札幌国際芸術祭2014」（チ・カ・ホ）、「オープン・スペース2015」（NTTインターコミュニケーション・センター［ICC］）「あいちトリエンナーレ2016」（愛知県美術館愛知）、「Vanishing Mesh」（山口情報芸術センター［YCAM］、2017）、「DOMANI・明日展」（国立新美術館、2018）などがある。

ARTIST

「Art Science」という言葉はぱっと見たところ“Art”が“Science”を修飾してるように見えるので、日本語にすると「芸術的科学」ということでしょうか？　そうすると科学の一種ということになりますね。現代社会において、「芸術」はナラティブ／フィクションとして機能していて、「科学」は物事の真理を解明するロジックとして機能しているというのが一般的な解釈だと思います。なのでこの「Art Science」という単語における“Art”は“Science”を修飾してるようで、実は意味的には**潰しにかかっていて激しく衝突**しており、“Art”と“Science”の間のスペースのところで非常に大きな熱エネルギーが発生してます。お分かりいただけたでしょうか。

《現代の鑑賞者》yang02
Photo: 荻原楽太郎

yang02　やんツー

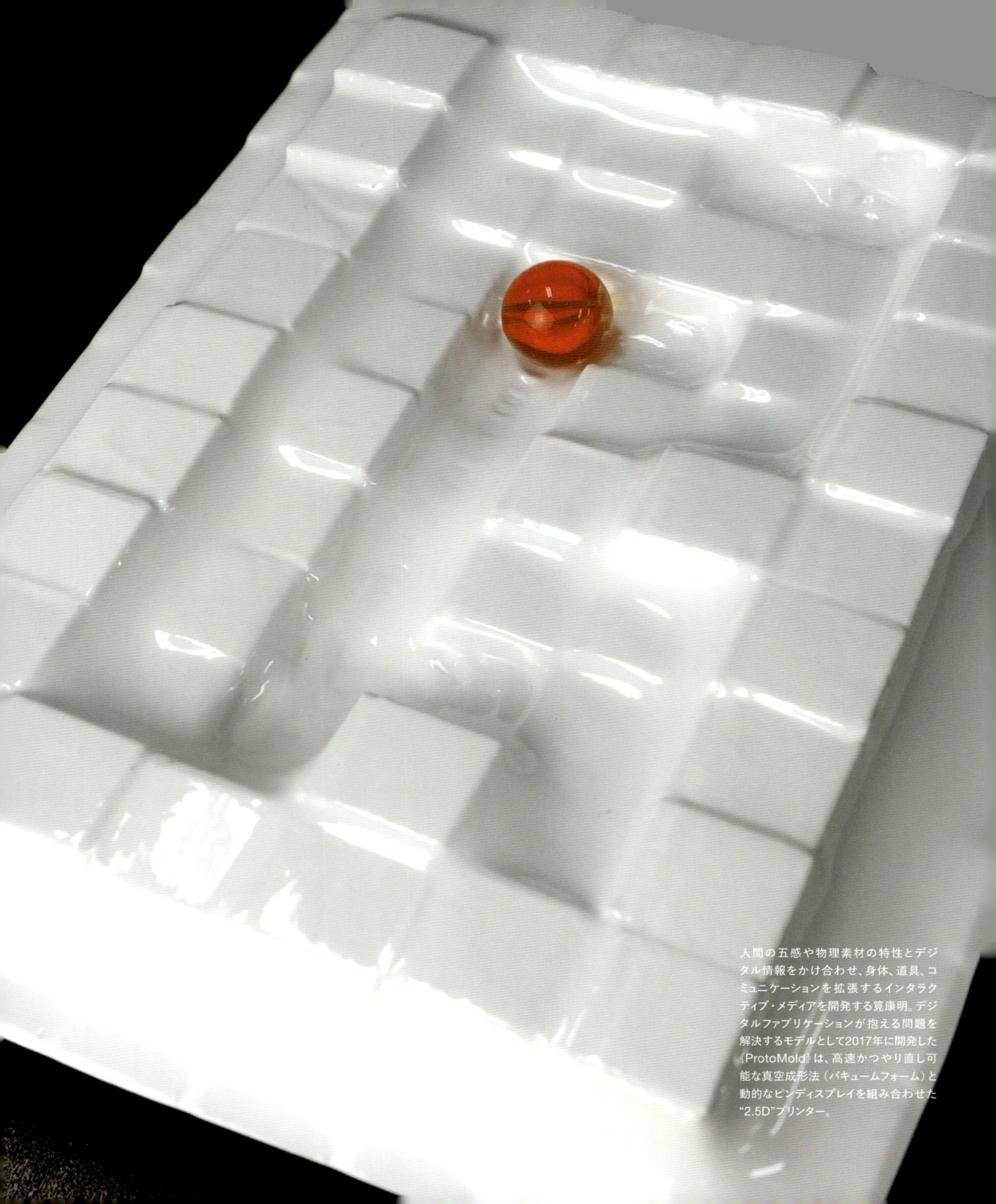

人間の五感や物理素材の特性とデジタル情報をかけ合わせ、身体、道具、コミュニケーションを拡張するインタラクティブ・メディアを開発する筧康明。デジタルファブリケーションが抱える問題を解決するモデルとして2017年に開発した《ProtoMold》は、高速かつやり直し可能な真空成形法（バキュームフォーム）と動的なピンディスプレイを組み合わせた“2.5D”プリンター。

41

インタラクティブメディア研究者。メディアアーティスト。博士（学際情報学）。東京大学大学院情報学環准教授。大阪芸術大学アートサイエンス学科客員教授。主宰する研究室では、マテリアルの特性を活かしたインタラクションや人間の五感を刺激・拡張するメディアの研究や作品制作に取り組む。このほか、空間設計や美術館展示、プロダクトデザインなど学際的なアプローチでメディアアートの社会実装を試みる。ACM CHI Best Paper Award、グッドデザインBest100、科学技術分野の文部科学大臣表彰 若手科学者賞など。

RESEARCHER, ARTIST

主観を削ぎ落として客観性・再現性に裏打ちされた事象のみを扱う近代科学のかたわらで、より個別具体的、人間的、複雑な事象や領域にアプローチすることが面白く、大切になると思っています。

その中で、**これからのアートとサイエンスは融けあうことはないものの、より互いを必要とします。**アートを生みだすためには、より深くサイエンス（の知識、技術、見方）を理解し、流れを感じることが必要で、逆にサイエンスに対しても、**アートの経験を得ることでそのフォーマットから自由に**してくれます。

テクノロジーがアートサイエンスのインターフェースとなり、単に科学者と芸術家のコラボレーション機会創出ではなく、個々の中にアートとサイエンスのマインドを育むことで、まだアートともサイエンスとも呼ばれない新たな領域に光をあてていけるのではないかと思います。

左上｜《Moss-xels》木村孝基、筧康明
左下｜《Transmart miniascape》筧康明
右｜《ProtoMold》筧康明

YASUAKI KAKEHI

筧 康 明

テクノロジーが自然環境のごとく浸透する社会を「デジタルネイチャー」と名付け、日本のテクノロジーシーンをリードする落合陽一。自身の会社ピクシーダストテクノロジーズや筑波大学のデジタルネイチャーラボでの研究開発、メディアアート、多数の書籍の執筆まで活動は多岐にわたる。シャボン玉でできた薄膜に超音波を当ててリアルな映像を浮かび上がらせる《Colloidal Display》や磁気で浮上している金属球が景観を映しながら車輪上に回転し続ける《Levitrope》など、人間の知覚を拡張するようなデバイスの発明を繰りだし続けている。

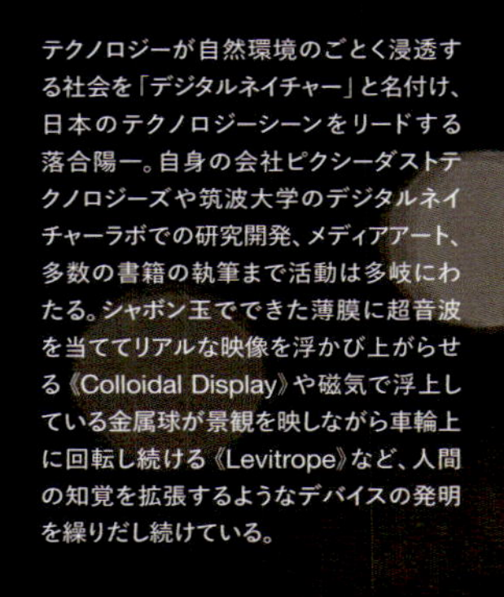

42

アートとデザインをやる奴はいる。サイエンスとエンジニアリングをやる奴もいる。でも、アートとサイエンスをやる奴はほぼいない。そうすると結局全部やることになる。**これは茨の道だ、シビれる。やろう。**

1987年生まれ。筑波大学でメディア芸術を学び、東京大学大学院博士課程修了(学際情報学府初の早期修了者)。波動・物質・知能の相互関係をコンピュータ技術を用いて探求。在学中よりメディアアーティストとして活動。専門は実世界志向の応用コンピュータサイエンスとメディア論(近代論、科学技術メディア史、芸術)。2015年より筑波大学着任、2017年より「デジタルネイチャー推進戦略研究基盤」代表/准教授。ピクシーダストテクノロジーズ株式会社代表取締役社長。大阪芸術大学アートサイエンス学科客員教授。

ARTIST, SCIENTIST

上|《Colloidal Display》Yoichi Ochiai
下|《Levitrope》Yoichi Ochiai

ART × SCIENCE × ?

YOICHI OCHIAI

落合陽一

流体力学とメタマテリアルに焦点を当ててきたユンチュル・キム。《Gyre》では、ガラス管に入った素材が混ざり合うことなく境界を生成し、波のような動きを見せ、今までにない視覚的効果を引きだし、モノの起源へ思考を巡らせるきっかけを与えてくれる。

43

芸術と科学は、科学のための芸術、あるいは芸術のための科学でもない。それは**人間と物事、知と実践のなかで、多様な活動やはたらきが内動的に絶え間なく起こる世界**である。そして、美的かつ知的な物事が交じり合うものでなければならない。

Photo: Sophia Bennett/CERN

ベルリンとソウルを拠点にする電子音響音楽の作曲家、アーティスト。近年の作品では流体力学の芸術的可能性、とりわけ磁気流体力学の文脈からフォトニック結晶などのメタマテリアルに焦点をあてている。自然や物質の性質は自身にとって大切な要素であり、物質の変容を通じて、作品はいつも内動的に世界と関わる物性の可能性を垣間見せる。Studio Locus Solus（ソウル）創立者。

ARTIST

上｜Detailed image of《Gyre》, 2017
中｜《Effulge》2012-2014
下｜Exhibition view of〈Gyre〉, 2017

YUNCHUL KIM

ユンチュル キム

「宇宙芸術（cosmic art）」をテーマに、領域を超えて科学者やアーティストをつなぎ国内外で活動する田中ゆり。彼女にとっての「宇宙芸術」とは、科学、芸術の視点、ひいては宇宙でいかに生きるかを問いかける人間の視点から包括的に宇宙を捉え、宇宙の平和を志向して多様な芸術実践を創造していく道である。

芸術、科学、それらは宇宙のなかで生きる人類から必然的に生まれた営みであるのかもしれません。水源同じくも、水流を隔てゆく人々。しかし、**人が生きる限りその水は幾度も交わり合い、海のように生成、消滅、そして創造を育み続ける**でしょう。

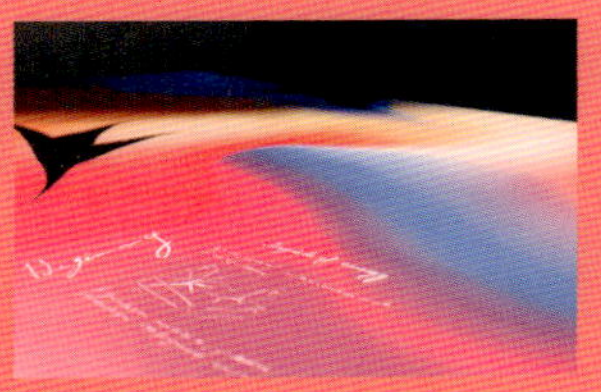

《Cosmic Table》Aurélien Mabilat, Neal Hartman, and Yuri Tanaka (2018)

東京藝術大学大学院専門研究員、美術博士。環境芸術学会宇宙芸術研究部会部会長、ITACCUS（国際宇宙連盟宇宙文化活用委員会）エキスパート。東京大学大学院修了（学際情報学修士）。その後、約3年間直島に在住し、瀬戸内国際芸術祭など地域協働に携わる。アルスエレクトロニカ フューチャーラボ滞在研究員（2015）。CERN（欧州素粒子物理学研究所）での滞在研究などを通して、メディエーター（媒介者）の立場から宇宙芸術を専門にさまざまな協働プロジェクトを展開する。
http://cosmicart.org/

MEDIATOR

YURI TANAKA

田中ゆり

NYを拠点にメディアアーティストとして活動しながら、コンピューテーションの詩的表現の可能性について研究する学校「SFPC（School for Poetic Computation）」を主宰するザック・リバーマン。2010年発表の作品《NIGHT LIGHTS》（Yes Yes No）は、観客の身体やライトテーブルに置かれた手、スマホの振動などによって、ビルに映しだされた巨大な影やドローイングが変容するプロジェクションマッピング作品。インタラクティブな演出には、本来鑑賞する立場である観客自身がいつの間にかパフォーマーに転換されている構造が巧みに仕組まれている。

45

アートサイエンスとは、異なる分野同士（それはときに大学のような機関がしばしば不自然な区分けをしているに過ぎないもの）における対話であり、心のアートとサイエンスが共に必要不可欠なリサーチを遂行し、**人間のあり方や現代の生き方の意味を拡張する**ものでもあります。もし私たちがこの今の世界を今よりもっと理解することができれば、より良い未来を想像し、築いていくことができるでしょう。

シンプルに「人を驚かせること」を目標にしているアーティスト、リサーチャー、ハッカー。人間のジェスチャーをインプットし、それを様々な方法で増幅させるパフォーマンスや、ドローイングに生命を与えたり、声をみることができたらどうなるかの実験、そして人々のシルエットを音楽に変えるインスタレーションなどを制作。Fast Company誌「ビジネス界で最もクリエイティブな100人」、Time誌「Best Inventions of the Year」などに選ばれるほか、アルスエレクトロニカのインタラクティブアート部門ゴールデンニカ、デザイン博物館（ロンドン）の年間インタラクティブデザイン賞を受賞。クリエイティブコーディングのオープンソースC++のツールキットであるopenFrameworksの共同開発者。
http://thesystemis.com/

ARTIST

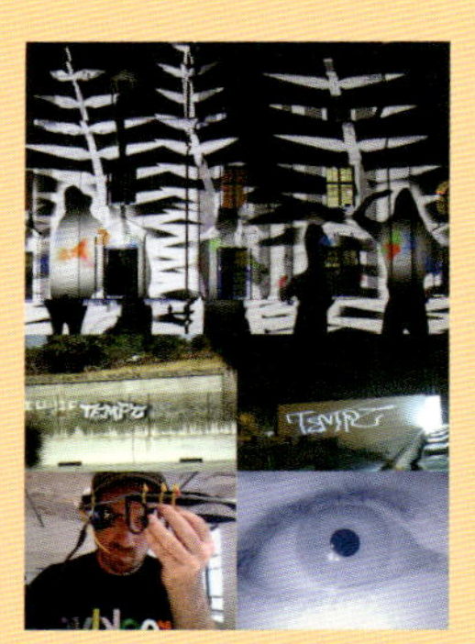

《NIGHT LIGHTS》Yes Yes No

ZACH LIEBERMAN ザック リバーマン

新設！　アートサイエンス ラボ

新たな学びのランドスケープが大阪に誕生

OSAKA UNIVERSITY OF ARTS | ART SCIENCE DEPARTMENT

2017年4月に新設された、大阪芸術大学アートサイエンス学科。
その新キャンパスを手がけるは、かの世界的建築家の妹島和世だ。
アートとサイエンス・テクノロジーを横断する次世代型クリエイターのための
新たなラボとして、先端設備を備えた学びの拠点が誕生する。

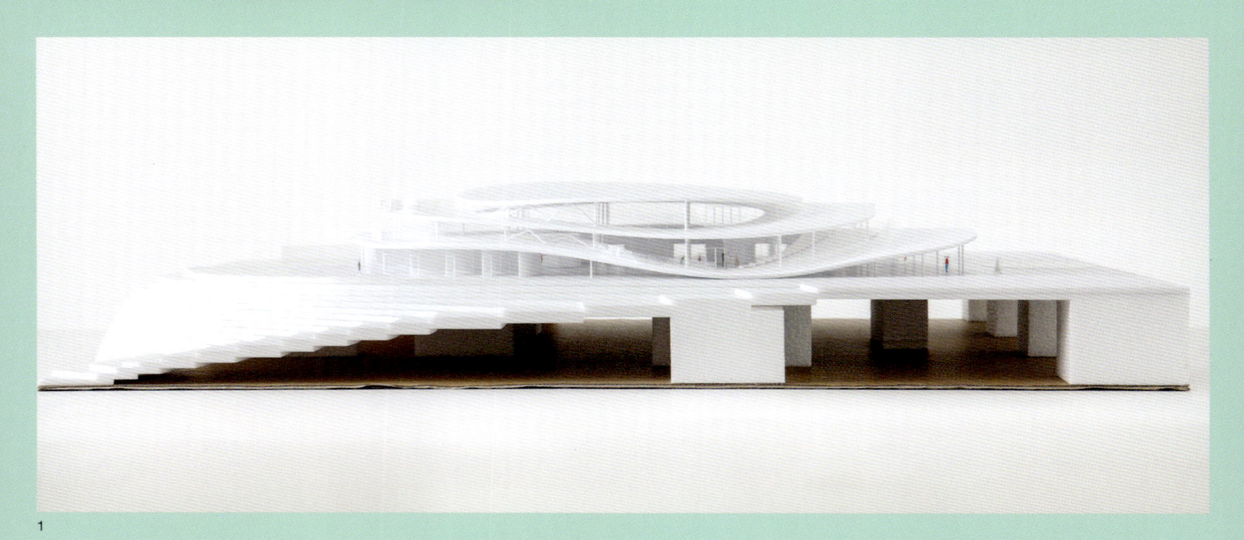

1

2

3

1 アートサイエンス学科キャンパス模型（2018年秋・完成予定）。ゆるやかなカーブを描く大屋根が特徴的な校舎の姿が伺える。
2 現在、絶賛工事中のアートサイエンス学科のキャンパスは、周囲の緑豊かな景観に合わせて、内と外がゆるやかにつながっていく“開かれた”公園のような場所を目指したという。アートサイエンス学科以外の学生も気軽に立ち寄り、新たな触発と交流が起こることを意図している。
3 建築界のノーベル賞と称されるプリツカー賞を共同設立者の西沢立衛と共に受賞し、世界的にその名が知られる妹島和世。代表作は金沢21世紀美術館（金沢）、NEW MUSEUM（ニューヨーク）、ルーヴル・ランス（ランス）など。

CAMPUS

妹島和世建築、
内と外がつながる
公園のような
先端キャンパス

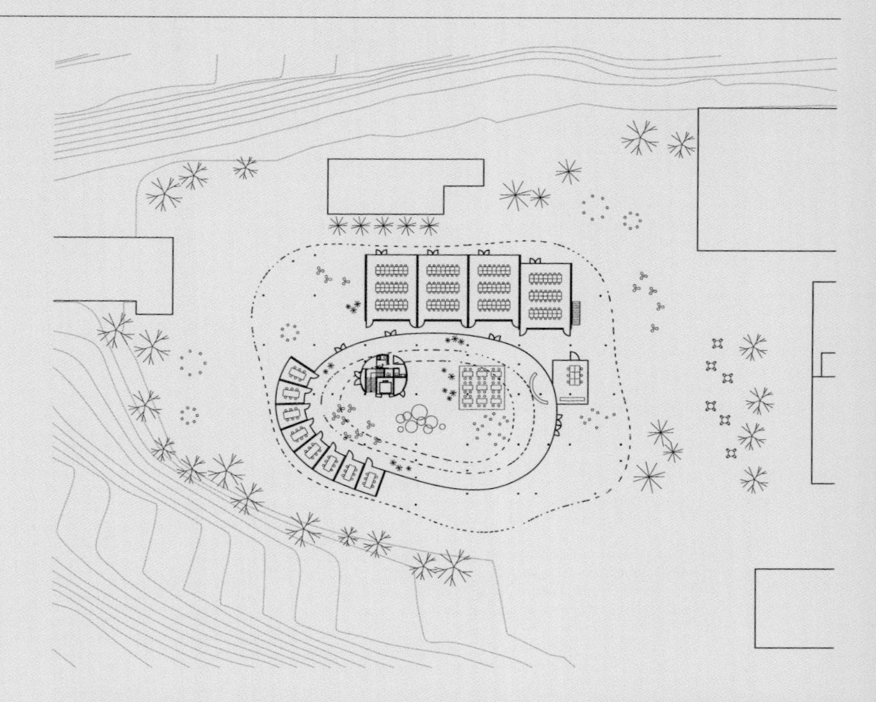

POINT

① Center for Arts and Technology CAT（キャット）

作品制作のための多種多様な電子機器を設置し、デジタルファブリケーションによってアートサイエンス作品の制作・加工を行うエリア。

② Art Science Theater

学生や客員教授、海外姉妹校からの作品展示や展覧会、国内・国際的なイベントを開催する超大規模・最先端のデジタル空間。

③ Art Science Laboratory

プログラムや電子制御技術などのITおよびUXデザイン、構想を統合した作品制作の演習・実習を行う先端的なデジタル工房。

④ Studio for Art Science

指導教授や客員教授のもとで作品制作のためのミーティング、先端技術、アート始動、コンセプト評価などを実践するワークショップ工房。

進化するアートサイエンスの学び

大阪芸術大学アートサイエンス学科がつくる新たな想像環境

NEW CREATION ENVIRONMENT by OSAKA UNIVERSITY OF ARTS | ART SCIENCE DEPARTMENT

この本で何度も主張してきたが、アートとサイエンスは異なる目的を持ち、アートサイエンスという言葉自体が実は大きな矛盾を抱えている。「矛盾」という言葉を「衝突」と言い換えてもいいかもしれない。サイエンスの世界がサイエンスだけで自立するのであれば、わざわざ感性や思想なんていう数値化できないものに支配される超主観的なアートなんかと関わらなくてもいいし、サイエンスに頼らねば生まれなかったアートなんてアートである必要がない。だが、その矛盾する2つが集団の中で、またはひとりの人間の中で衝突することが、時に行き詰まった世界を変容させる力を持っている。

アーティストの福原志保が言うように（P134参照）、アートとサイエンスの間には「社会」がある。人間のつくるあらゆる営みを「社会」と呼ぶなら、アートやサイエンスはだいぶ極端な位置にいるように見えるかもしれないが、ある世界のキワにいるエクストリームな思考こそが、均質化していく社会に揺さぶりをかける存在にもなれる。そう信じた人々が、アートスタジオや研究室を飛び出して新たなフィールドに飛び込み、公共空間やエンタメを通じて都市に侵食したり、産業ビジネスや政策にまで新たなインスピレーションを与えていくことができるのだ。

だが、それは結果論でしかない。アートとサイエンスという、いまだ切り離された両極を同時に、本気で学べる環境はまだ少ない。もちろん、プログラミングを学ぼうとするなら、検索すればいくらでもソースコードが出てくる時代だ。この数年で、知識を得ることへの参入障壁は一気に下がってきている。しかしそれはあくまでツールの話にすぎない。これから何かをつくりだそうとする人が求めるのは知識ではなく、物理的なスペースだったり、モノだったり、または人との出会いだったりする。そこに、「アートサイエンス」という、言ってしまえば“何でもアリ”の場を用意することで、自然と人々の間で衝突が起こり、その摩擦が刺激と興奮を生む潤滑剤となって、“つくる人をつくる”環境が生まれてくる。大阪芸術大学がアートサイエンス学科の開設からわずか2年でギャラリー空間と先端機材にあふれるラボの両方を兼ねた新キャンパスを建設しているのも、そうしたオープンで先進的な環境からつくる人を育もうとする試みゆえだ。

矛盾と衝突を乗り越え、豊かなイマジネーションとテクノロジーを駆使した社会実装の両方を行き来できるアートサイエンス教育は、これからの時代を楽しく“つくり変えていく”ような人々を育むことだろう。既存の社会のルールに最適化するのではなく、ルールそのものをつくりだすこと。「最適化」にはてっぺんがあるが、ルール自体をつくりだす行為には終わりがない。そうしたオープンエンドな創造的進化を生みだすためには、アートもサイエンスも、自分の興味から広く世界を見通してみて、まずはとにかく自分が遊んでみる必要がある。そこで活きるセンスと実行力が磨かれる秘訣は、ビジョンをもつ教育者の存在はもちろんのこと、とにかく広大な物理的スペースと、アイデアをすぐに実験できる機材環境だったりする。その環境を飛び交う人々のエネルギーが、一人ひとりの中に眠る想像力やモチベーションを最大限に爆発させていくのだ。

大阪芸術大学には、「極端な芸術至上主義を排し、産業社会や日常生活に密着したデザイン部門をはじめ、絵画、工芸、写真なども社会芸術として強調していく」という創設者・塚本英世氏の言葉にある通り、“アート至上主義”に陥らず常に境界を超えたフィールドの開拓を柔軟に試みてきた背景がある。アートサイエンス学科は、そうした大学の培ってきたフィロソフィーを基盤に、「分断された可能性を相互に関連づける思考を育む」というコンセプトを展開する。「芸術」「情報」「社会」という3つの領域を横断しながら、「つくる・あそぶ・まなぶ」を学修スタイルとする学科からは、本気で遊んだ人々だけがつくりだす未来があるだろう。

これまで、日本の教育は既存の知識体系やコンテクストを踏襲する「系統型」の学習が主だった。しかしこれからは、“まずやってみる”という「経験型」の学びの体験が圧倒的に必要になる。なんでも検索できる時代、あらゆる知識をまんべんなく取り入れるよりも、自分の「好き」に気がつき、徹底的に没頭する力のほうがずっと重要だ。「サイエンスは難しいから（または、アートは難解だから）自分には無理」と諦めてしまう声を時折聞くが、自分の「好き」に自信を持てれば、「わからない」ことこそが一番の楽しみになる。一見、本来の興味と無関係なことでも、何の役にも立たなそうなことでも、気になったことは徹底的に掘り下げてみる。そうすると、自然とジャンルを超えて色々な分野が必要になることに気がつくのだが、そのとき分断を超えることはハードルではなく最大の楽しみに変わっているはずだ。

「問い」を送り続けるアートサイエンスメディア

新たな景色が見える場所へ

ART SCIENCE MEDIA | BOUND BAW

サイトトップに登場するビジュアルは、大阪芸術大学の過去の卒業制作の画像データを、機械学習で作品の特徴を捉えてデータに変換し、その類似性にもとづいて 3D空間上に分布させている。アートディレクターはライゾマティクスデザインの木村浩康。
http://boundbaw.com

「アートサイエンス」を標榜する学科ができるらしい、と耳にしたのは2016年の春のことだった。翌年の新設に向けて様々なプロジェクトが怒涛の勢いで展開される中、「アートサイエンスを国内に伝えるメディアをつくらないか」と、尊敬するアーティストの一人から声をかけられたのが始まりだった。最初は気後れもしたが、同時に興奮もあった。いま、メディアを通して伝えるべきアートサイエンスとは何か。そもそも、アートサイエンスとは何なのか。そのわずか数カ月後に大阪芸術大学アートサイエンス学科からウェブメディア『Bound Baw』がローンチするのだが、編集長を務めるにあたって、毎晩頭を悩ませながら決めたことはひとつ。「アートサイエンスとは何かを問い続ける」ことだった。

アートサイエンスが常に変容し続けるのは、世界各地で近い志を持つ人々が、同時進行でつくり変えているからだ。そこで『Bound Baw』は簡単に答えや情報を伝えるのではなく、問いを残し続けるメディアでありたいと考えた。また、キャッチーな話題性や共感性のみにとらわれることなく、国内でなかなか知られていない世界各地のアートサイエンスの情報や、濃厚な思考を持つ人々の対話をダイレクトに伝えることもミッションとした。そしてどの記事も、アーカイブ性を重視し、何年経っても古くならない濃度を保つことを目指している。

メディアをつくるということは、当然ながら情報を伝える場をつくることであり、多くの読者に届くように、わかりやすく、面白く届けることが求められる。だが一方で、誰でも瞬時にわかるものや共感を生むもの、または皆がよく知る人気の人物を取り上げることだけがメディアの役目ではない。まだあまり知られていない、または複雑で伝わりにくいモノゴトを発見し、新たな価値を編みだし、最後にわずかながらも消えない引っかかりをつくること。何度も反芻したくなるような、余韻の残る"うまみ"を残すことも、メディアの役目であると思う。その誰かが感じた"うまみ"が伝播しあって、カルチャーは育まれていく。もちろん理想論だけでお金は生まれないので、読者層を増やし、収益化を目指すという至上命題がどんなプロジェクトにも常につきまとうが、「大学がメディアをつくる」ことの意味は、収益化や学生獲得のための広報発信に務めることだけではないだろう。

大学が社会に与える影響を本気で考え、その場づくりを行っていく。教育機関だからこそ、社会の経済論理に飲まれず、新しい文化を生みだす可能性がある。その強い意志をもち、先手を打ったものこそが次の一手を担うはずだ。『Bound Baw』はこれからも、アートサイエンスとは何かという問いを片手に、世界各地で新たなフィールドを切り開く人々の声を追いかけていきたいと強く思う。彼らのまなざしの先に、新たな景色とユートピアがある。その未来に、いつだって期待していたいのだ。

著者
塚田有那
Arina Tsukada

編集者、キュレーター。大阪芸術大学アートサイエンス学科メディア『Bound Baw』編集長。想像力を拡張し、ビジョンを現実世界に実装するアート・教育・思考実験のプラットフォーム一般社団法人Whole Universe代表理事。サウンドアーティストevalaのプロジェクト「See by Your Ears」のディレクターとして、音のもつ価値をアップデートする活動を展開する。2010年、サイエンスと異分野をつなぐプロジェクト「SYNAPSE」を若手研究者と共に始動。2012年より、東京エレクトロン「solaé art gallery project」のアートキュレーターを務める。過去の編著に『メディア芸術アーカイブス』『インタラクション・デザイン』(ビー・エヌ・エヌ新社)ほか、編集・執筆歴も多数。

ART SCIENCE IS.
アートサイエンスが導く世界の変容

2018年 8月24日　初版第1刷発行

編著：塚田有那
企画：大阪芸術大学アートサイエンス学科
クリエイティブ・ディレクション：内藤久幹
監修：阿部一直
編集協力：八木あゆみ、田中ゆり、桜井祐、野村奈津子
デザイン：加藤賢策・北岡誠吾（LABORATORIES）
カバービジュアル：デヴィッド・オライリー《Everything》

発行人：上原哲郎
発行所：株式会社ビー・エヌ・エヌ新社
〒150-0022
東京都渋谷区恵比寿南一丁目20番6号
E-mail：info@bnn.co.jp
Fax：03-5725-1511
http://www.bnn.co.jp/

印刷・製本：シナノ印刷株式会社

ISBN978-4-8025-1114-8
Printed in Japan